高等院校医学实验教学系列教材

医学生物化学与分子生物学实验

主　编　殷冬梅

副主编　范　雁

编　者　（以姓氏笔画为序）

尹晓敏　吴娟娟　张亚莉

范　雁　周　艳　周亚军

贾　辛　顾建兰　殷冬梅

翟旭光

科学出版社

北　京

内 容 简 介

本书是一本简明实用与医学实验教学相适应的实验指导用书，共分为三个部分：第一部分为实验基本操作；第二部分介绍生物化学实验原理与技术，包括分光光度、层析、电泳、离心等技术；第三部分为分子生物学实验原理与技术，以及临床相关的生物化学与分子生物学实验。重点介绍重组 DNA 的技术路线、分析基因表达的常用方法，如实时定量 PCR、蛋白质印迹、免疫共沉淀、染色质免疫共沉淀等内容。本书安排了 30 个实验项目，针对不同专业可选择不同模块实施教学。

本书适合高等医学院校的医药、生物相关专业的学生使用，也可供有关技术人员参考。

图书在版编目（CIP）数据

医学生物化学与分子生物学实验 / 殷冬梅主编. —北京：科学出版社，2019.8

ISBN 978-7-03-059580-5

Ⅰ. ①医… Ⅱ. ①殷… Ⅲ. ①医用化学–生物化学–实验–医学院校–教材 ②医药学–分子生物学–实验–医学院校–教材 Ⅳ. ①Q5-33 ②Q7-33

中国版本图书馆 CIP 数据核字（2018）第 260744 号

责任编辑：王锞韫　胡治国 / 责任校对：郭瑞芝

责任印制：赵　博 / 封面设计：陈　敬

版权所有，违者必究。未经本社许可，数字图书馆不得使用

科 学 出 版 社 出版

北京东黄城根北街 16 号

邮政编码：100717

http://www.sciencep.com

北京凌奇印刷有限责任公司印刷

科学出版社发行　各地新华书店经销

*

2019 年 8 月第　一　版　　开本：787×1092　1/16

2025 年 1 月第五次印刷　　印张：8

字数：203 000

定价：32.00 元

（如有印装质量问题，我社负责调换）

前　　言

医学生物化学与分子生物学是一门实验性科学，其实验技术是当代医学研究的重要手段和方法，也是医学相关专业各层次学生的必修实验课程。为了适应高等医学院校实验教学改革和发展的需要，构建多层次、多模块的医学生物化学与分子生物学实验教学体系，我们编写了这本实验教程。

本教材分为三部分。第一部分是实验基本操作，介绍进入实验室所必须掌握的基本知识、实验操作和常用仪器的使用方法等，为后续的实验教学奠定基础。第二部分介绍生物化学实验原理与技术，包括分光光度、层析、电泳、离心等常用技术，以及与理论结合的相关实验。第三部分是分子生物学实验原理与技术，包括基因工程技术 8 个系统连贯的实验、基因表达与功能分析的分子生物学实验，以及与临床相关的生物化学与分子生物学实验，其中介绍了重组 DNA 各环节的实验技术，以及实时定量 PCR、蛋白质印迹（Western blot）、免疫共沉淀（Co-IP）、染色质免疫沉淀（ChIP）分析基因表达的实验方法，实验大多来源于教师的科研项目，这些技术已成为近年医学研究的重要手段，广泛应用于生命领域的研究。与临床相关的综合性实验，要求应用多种生物化学与分子生物学技术来解决一个临床医学的综合性问题，有利于培养学生的科研思路和综合分析能力，其中包括蛋白质、酶的提取和活性检测，疾病模型的制备，激素对糖、脂的影响，真核细胞基因组 DNA 测定、多态性的检测及基因突变的检测。这部分内容为学生提供了有特色和多样性的实验教学平台和小组交流学习平台，是培养学生自主学习能力、综合分析能力、解决实际问题和沟通交流能力的重要途径。

本教材的实验内容是在我校多年使用的实验讲义的基础上，根据最新教学大纲的要求，结合本校的实验条件修订和改编而成，从实验设计、实验选材到实验操作，都经过多次实验验证，由于生物技术迅猛发展的需求，又新增了一些由科研成果转化而来的实验内容。本教材可以作为医学院校医药、生物等专业的实验指导用书，针对各专业本科生，教师可根据培养目标和要求，选择教材中不同模块的实验项目实施教学。

本教材由南通大学医学院“江苏高校品牌专业建设工程资助项目（TAPP）”资助，由生物化学与分子生物学系、生命化学实验室教师执笔编撰并修改，同时沈勤教授给予了大力支持和帮助，在此一并感谢！由于水平有限，书中难免存在不完善之处，敬请同行专家和读者在使用过程中提出宝贵意见，我们将不断改进，使其成为精炼、成熟的实验教材。

编　者

2018 年 6 月

目　录

生物化学实验须知

【实验室规则】

1. 遵守纪律，按时到实验室。实验时因故外出或早退应向教师请假。

2. 进入实验室应穿实验工作服，保持实验室安静，不得进行任何与实验无关的活动。个人U盘、光盘等不得随意在实验室的计算机中使用。

3. 爱护公物，不擅自启动实验室仪器。如仪器发生故障，不要自行拆卸，应立即报告带教老师，以便维修或更换。违反操作规程，导致仪器设备损坏要赔偿。

【仪器的保管及清洁】

1. 实验用品包括动物、器皿、试剂等按组分发。如需补充，经教师同意后，到实验准备室补领。

2. 贵重仪器需要指导培训后使用，非当次实验使用的仪器不得乱动，当次实验需要使用的仪器，在使用前需了解使用方法，严格遵守操作规程。

3. 公用仪器，如分光光度计、离心机等，不得提前或长时间占据，以免妨碍其他同学的使用。

4. 实验后必须将仪器擦拭干净，使用的微量加样器调至最大容量刻度。

【试剂使用规则】

1. 使用试剂前应仔细辨认标签，看清名称和浓度，确认是否为本实验所需要。

2. 取出试剂后，立即将瓶塞盖好，切勿盖错。使用后应将试剂放回原处。未用完的试剂不得倒回试剂瓶内。

3. 取标准溶液时，应先将标准溶液倒入干净的试管中，再用清洁的吸管吸取标准液，以免造成溶液的污染。

4. 使用滴管时，滴管的尖端应向下，切勿倒置，使溶液流入橡皮帽内。

5. 使用有毒试剂及强酸强碱时，尽可能用量筒量取。若用吸管时只能用吸耳球吸取，切勿用嘴，以免造成意外。

6. 移液器需在指导教师讲解后进行使用，如有恶意损坏现象，按照实际价格赔偿或维修。

【实验要求】

1. 实验前预习实验指导和有关理论，明确实验目的、实验原理和所需观察的实验结果，了解操作步骤和注意事项。

2. 实验时认真操作，注意观察实验过程中出现的现象和问题，记录真实实验结果。实验失败应当重做。

3. 实验结束后及时将实验结果交指导教师审核。根据实验结果进行科学分析，得出实验结论，撰写实验报告并按时上交教师评阅。

【安全注意事项】

1. 低沸点有机溶剂，如乙醚、石油醚、乙醇等均系易燃品，使用时应禁明火，远离火源。若需要加热必须使用水浴，不可直接在火上加热。

2. 凡属发烟或产生有毒气体的化学实验，均应在通风橱内进行，以免对人体造成伤害。

3. 强酸强碱物质具有强腐蚀性和强刺激性，使用时注意避免酸碱灼伤事故。如稀释浓硫酸时，应将浓硫酸沿杯壁缓慢倒入水中，不断用玻璃棒搅拌散热，切不可将水倒入浓硫酸，否则强烈的散热反应易导致溶液沸腾，飞溅发生灼伤。

4. 使用电炉加热水浴锅时，注意勿烧干水浴锅，加热完及时拔掉电源。在使用实验室电器设备，如烘箱、恒温水浴箱、电源设备、离心机等时，一定要严防触电，绝不可湿手触碰电源开关和插座。漏电设备不可继续使用，必须检修。

5. 废液，特别是含有强酸强碱的，不能直接倒入下水槽，应先稀释后再倒入，然后用自来水冲洗下水槽。如废液中含有有毒或对环境产生危害的生物废液，一定要定点回收，然后做无害化处理后才能排入下水道。

6. 使用高压蒸汽灭菌锅消毒时，每次使用前必须检查灭菌锅内是否有足够的蒸馏水。禁止将易燃、有毒、腐蚀性物品及不耐高温的物品放入灭菌锅内进行消毒，以防危险事故发生。高温高压消毒液体时，容器不得密闭，可将试剂瓶的盖子拧好后再回转一圈，消毒完毕后，待温度降至室温再将瓶盖拧紧。

7. 若发生起火事件，根据起火性质分别采用砂、水、二氧化碳灭火器或四氯化碳灭火器扑灭。

8. 离开实验室前必须关好门窗，切断电源、水源、煤气，以确保安全。

【实验室急救处理】

实验过程中发生受伤事故应立即采取相应急救措施。

1. 玻璃割伤及机械外伤。首先检查伤口处有无玻璃或金属碎片，然后用硼酸水洗净，再涂碘酒或紫药水，必要时用纱布包扎。如伤口较大或出血较多，应立即在伤口上部和下部扎紧血管止血，迅速送医院治疗。

2. 烫伤。一般用较浓（90%～95%）乙醇消毒后，涂上苦味酸软膏或烫伤膏。若烫伤处皮肤呈棕色或黑色，应用干燥无菌的消毒纱布轻轻包扎，急送医院治疗。

3. 强酸溅及皮肤时，立即用大量自来水冲洗，再以 5% $NaHCO_3$ 溶液湿敷后再冲洗。浓硫酸灼伤时，先用干毛巾吸掉溶液后再用大量清水冲洗。强碱触及皮肤引起的灼伤，先用大量自来水冲洗，再用 5% H_3BO_3 溶液湿敷后再冲洗。清创并覆盖消毒纱布送医院治疗。

4. 酚试剂溅及的灼伤，用大量自来水冲洗后，再用肥皂洗净，忌用乙醇。

5. 触电后，必须切断电路：首先关闭电源；其次用干木棍使导线与触电者分离。施救者必须做好安全防护，手脚必须绝缘。

【实验室清洁】

1. 实验室内必须保持清洁，不得随地吐痰，乱丢纸屑。

2. 实验后要清扫实验台面、地面。试剂瓶要摆放整齐。

3. 下课后由值日生打扫卫生，经教师检查合格后方能离开实验室。

（殷冬梅）

第一部分　实验基本操作

从事生物化学与分子生物学实验工作，除必须配备实验室、实验仪器等硬件外，还需懂得实验室的日常工作规范、实验准备等工作，才能保证实验结果的准确性和可靠性。

第一章　玻璃仪器洗涤与清洁

一、玻璃仪器的洗涤与清洁

生物化学实验经常使用各种玻璃仪器，其清洁程度将直接影响到待测样品的可靠性和准确性。因此，玻璃仪器的清洁不仅是实验结束后的常规工作，也是一项关系到实验成败的基本技术。

经过洗涤的玻璃仪器要求清洁透明，玻璃表面不含可溶解性物质，水沿器皿壁自然下流时不挂水珠。

玻璃仪器的清洁方法很多，根据实验要求的清洁程度和污物的不同性质，可以选择不同的清洁方法。

（一）新购置的玻璃仪器的清洗

新购置的玻璃仪器表面附着油污和灰尘，特别是附着有可溶解的金属离子，因此，需要用洗洁精等浸泡或刷洗，再用流水冲洗干净。必要时可进一步浸于 10% Na_2CO_3 溶液中煮沸，流水冲洗干净后，再浸泡于 1%～2% HCl 溶液中过夜，流水冲洗去除残余的酸液。最后需用蒸馏水冲洗至少三次，干燥后备用。

（二）使用过的玻璃仪器的清洗

一般的非计量用玻璃仪器或粗容量仪器，如试管、烧杯、量筒等先用洗洁精等浸泡或刷洗，再用自来水冲洗干净，最后用蒸馏水冲洗三次后，倒置晾干。

容量分析仪器，如吸量管、滴定管、容量瓶等，先用自来水冲洗后沥干，浸泡于铬酸洗液数小时，然后用自来水和蒸馏水依次冲洗干净，干燥备用。

比色杯需要保证表面的光洁。用毕立即用自来水反复冲洗。如有污物附着于杯壁，需用稀盐酸或其他适当溶液清洗。然后依次用自来水和蒸馏水冲洗干净。切忌用刷子、粗糙的布或滤纸等擦拭。洗净后倒置晾干备用。

二、清洁液的清洁原理与配制方法

（一）铬酸洗液

铬酸洗液广泛用于玻璃仪器的洗涤，其清洁效力来自于它的强氧化性和强酸性。由重铬酸钾（$K_2Cr_2O_7$）和浓硫酸配制而成，二者反应形成具有强氧化性的铬酐。铬酐（CrO_3）呈红色，被还原后成为绿色的氧化铬（Cr_2O_3）。

硫酸越浓，铬酐越多，其清洁效力越强。因洗液具有强腐蚀性，所以使用时必须严格保证安全。当洗液由棕红色变为绿色时，其清洁效力降低，不宜再用。

常用的铬酸洗液浓度为 3%～5%，有如下三种配制方法：

1. 称取重铬酸钾 5g 置于 250ml 烧杯中，加入热水 5ml 搅拌，使其尽量溶解。为防止发热，可在烧杯下放置一个石棉网。向烧杯中缓慢注入工业用浓硫酸 100ml，同时搅拌，注意防止溅出。因为放热较多，硫酸的加入不宜过快。此时溶液由红黄色变为黑褐色。冷却后装瓶备用，密封以防吸水。

2. 取 100ml 工业用浓硫酸置于烧杯中，小心放热，然后缓慢加入 5g 重铬酸钾粉末，边加边搅拌。待重铬酸钾全部溶解后冷却，储存于密闭的容器中。

3. 取 80g 重铬酸钾溶解于 1000ml 水中，缓慢加入工业用浓硫酸 100ml，边加边搅拌，冷却后备用。

（二）洗洁精或洗衣粉溶液

洗洁精或洗衣粉溶液是最常用的洗涤剂，配制的浓度因需要而进行调整，因为主要是利用乳化作用去除污垢，一般的玻璃仪器均可用其浸泡或刷洗。

（贾 辛）

第二章　吸量器的选择与使用

一、吸量管的分类和使用

吸量管是生化实验中最常用的器皿之一，吸量管的正确选择和使用对于实验的成功和测定的准确至关重要。

（一）吸量管的分类

常用的吸量管是移液管。移液管常用于量取 10.0ml、5.0ml、2.0ml、1.0ml、0.5ml 液体，这种吸量管有刻度。放液时，量取的液体自然流出后，管尖需要在容器内壁停留 15s。

（二）吸量管的使用

1. 吸量管的选用原则　要求准确量取一定量的液体，应选用取液量最接近的刻度吸量管。例如，量取 0.15ml 液体，应选用 0.2ml 的刻度吸量管，而不应选用 2.0ml、5.0ml 等刻度吸量管。

同一定量试验中，如果需加同种试剂于不同管中，并且取量不同，应选择一支与最大取液量接近的刻度吸量管。如各试管应加的试剂量为 0.30ml、0.50ml、0.70ml、0.90ml 时，应选用一支 1.0ml 刻度的吸量管。

2. 吸量管的正确使用与错误操作　具体如表 2-1 所示。

表 2-1　吸量管的正确使用与错误操作

	正确	错误
拿法	食指盖住吸量管顶端，中指和其他指拿住吸量管上端	用拇指顶住吸量管顶端，其余四指拿住吸量管
取液	用吸耳球吸液体至刻度上，注视液面上升，到达刻度后用食指顶住吸量管上端	不看液面
调刻度	吸量管与地面垂直，下口与试剂瓶接触并成一角度；食指控制液体下降至所需刻度，液体凹面与刻度线呈切线	吸量管倾斜，或悬空调刻度；观察时液体的凹面、刻度线和视线不在同一平面
放液	吸量管移入接收容器，尖端接触容器并成一定角度；吸量管保持垂直，放开食指，使液体自动流出；注意不同吸量管的使用方式	吸量管倾斜，尖端不与容器接触；不应吹而吹

二、加样器的种类和使用

（一）常用加样器的分类

常用加样器大致分为三类。

1. 多通道加样器　常备有 8、12、24 通道，与普通加样器一样，有多种容积范围可选择，可同时向 8、12、24 份样品中加入同一试剂，方便快捷，主要用于酶标检测、细胞活性（或毒性）检测等。

2. 电动加样器　电动加样器配有微小马达及充电电池，每次充电后可连续使用几小时，方便省力。其中微控电动加样器的加样容量与连续可调式微量加样器规格类似，但价格昂贵。而大容量电动加样器有一个标准吸口，可配任何市售标准刻度吸管，4s 内充满 25ml 体积，单手操作，简便快捷，主要用于细胞培养。

3. 普通加样器　根据容量大小可分为微量加样器和大容量加样器，又根据其移液量是否可变分为连续可调式和固定式。连续可调式微量加样器规格有 0.2～2μl、1～10μl、2～20μl、10～100μl、20～200μl、100～1000μl 等，另有 1～5ml、1～10ml 等大容量加样器。微量加样器是分子生物学实验最常用的加样器（图 2-1）。

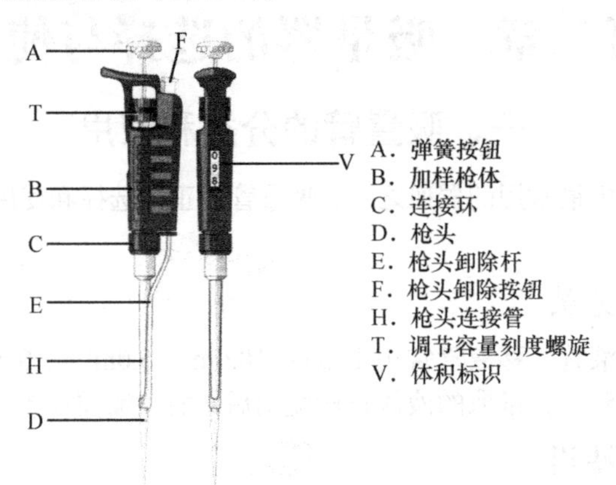

图 2-1　连续可调式微量加样器简介

（二）连续可调式微量加样器的使用

1. 选择原则　首先认清各微量加样器的最大容量，其容量标识一般都在加样器的弹簧按钮上。不同规格加样器配不同的加样枪头，一般 100～1000μl 的加样器配蓝色大枪头，10～100μl、20～200μl 的加样器配黄色中枪头，1～10μl、2～20μl 的加样器配白色小枪头。根据需量取的液体体积选用合适的微量加样器，应选用与取液量最接近的，如若取 5μl 液体，应选用 1～10μl 的加样器。

2. 使用方法

取液：根据取样量选择好合适的加样器后，看清数字标记方式，小心旋转螺旋调节器调至取量刻度，套上合适的加样枪头。手握加样器，大拇指按压弹簧按钮至第一着力点，然后将带有加样枪头的加样器插入液体中，轻放大拇指至弹簧按钮完全松弛，枪头内所含液体即为应备体积。

放液：加样器移入准备接收溶液的容器中，大拇指按压弹簧按钮至第二着力点，需要时可使枪头尖端轻靠管壁，待液体完全进入容器，将加样器向上提至加样枪头离开液面，然后放开拇指（图 2-2）。

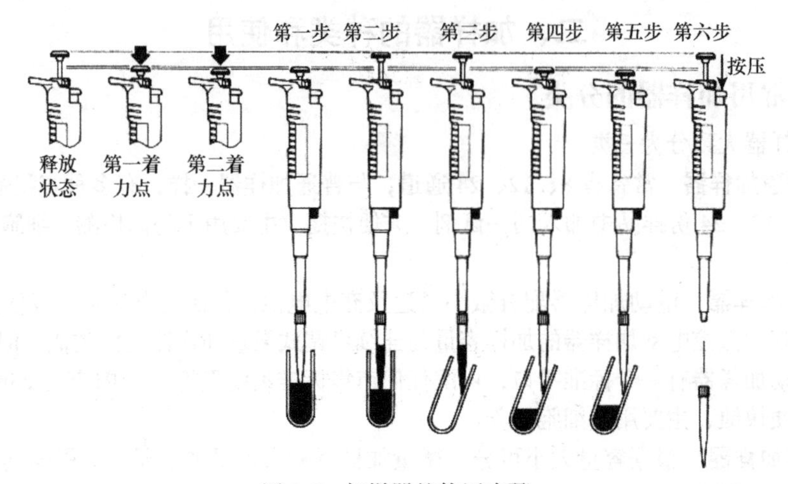

图 2-2　加样器的使用步骤

（三）连续可调式微量加样器使用注意事项

1. 看清连续可调式微量加样器的最大容量，旋转螺旋调节器时，不应用力过大，调节取量刻度时不能超出或低于微量加样器的限定容量。一旦螺旋调节器旋不动，立即检查原因，千万不要强行旋转。

2. 调节容量刻度时，眼睛要正面对着刻度框，将数字调至刻度框的正中间（图 2-3）。

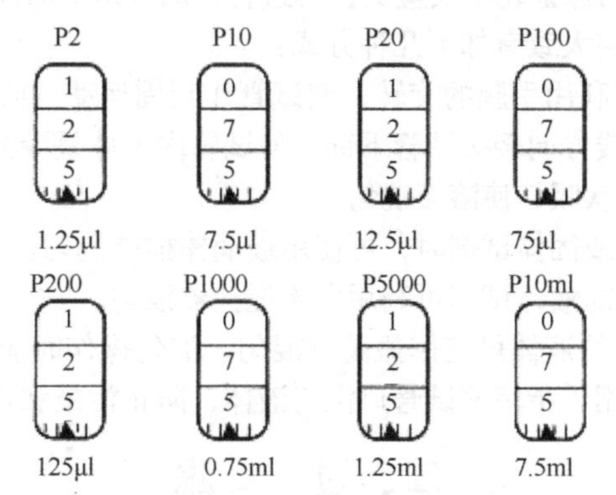

图 2-3　常见连续可调式微量加样器的容量标识

3. 微量加样器的弹簧按钮被下压时，有两挡着力点（first stop and second stop）。取液时，按至第一着力点；放液时，按至第二着力点。

4. 取液时，先应看清液面高度。不要让液面漫过加样枪头，造成加样器污染。

5. 取液和放液时，尽量着力一致，不要过快。尤其取液时过快，会出现气泡，影响液体体积。

实验结束后，将加样器的刻度调至最大容量刻度，使加样器弹簧处于松弛状态，可延长使用寿命。

（殷冬梅）

第三章　溶液的处理

一、溶液的混匀

在各种生化反应中，为保证化学反应的正常进行，加入试剂后需充分混匀，这是保证实验成功的又一重要步骤。混匀大致有如下几种方式：

1. 右手持试管上端，利用手腕的旋转，使试管作圆周运动。或左手持试管上端，试管与地面垂直，右手手指呈切线方向轻拨试管下部，使试管内液体呈漩涡状转动。

2. 用吸管将溶液反复吹吸，使溶液混匀。

3. 在混匀烧杯内液体或固体试剂时，可使用玻璃棒搅拌混匀。

4. 烧杯或三角烧瓶中的液体试剂可利用电磁搅拌器混匀。

5. 试管等小型容器中的液体可使用振荡器混匀。混匀操作时应防止管内液体溅出，以免造成液体损失。同时严禁用手指堵塞试管口混匀液体，防止污染和伤害。

二、过　　滤

用于收集滤液，收集沉淀或洗涤沉淀。在生化实验中，如需要收集滤液应选用干滤纸，不应将滤纸先浸湿，因为湿滤纸会影响滤液的浓度。滤纸过滤一般采用平折法（即对折后再对折）并且使滤纸上缘与漏斗壁完全吻合，不留缝隙。向漏斗内加入液体时要用玻璃棒引导，并且不应倒入过快，勿使液面超过滤纸上缘。粗过滤可用脱脂棉或纱布代替滤纸。有时可以离心沉淀法替代过滤法，可达到省时、快速的目的。

三、离　　心

当需要分离沉淀与母液时，过滤和离心都可以达到目的。但是，当沉淀非常黏稠，或颗粒小得可以通过滤纸时，则必须选用离心法。特别是溶液量非常小，或需要定量测定不能有液体损失时，离心分离法更具有优越性。

（贾　辛）

第四章　实验样品的制备

分析组织中某种物质的含量，探索物质代谢的过程和规律，经常需要处理人或各种实验动物的肝、肾、脑、黏膜和肌肉等组织，有时需要处理全血、血浆、血清或无蛋白血滤液等血液样品，有时也采用尿液、胃液等完成各种生化实验。掌握以上各种实验样品的正确处理和制备方法是保证生化实验顺利进行的关键。常用的血液样品和组织样品的处理方法如下。

一、血 液 样 品

1. 全血　取清洁干燥的试管或烧杯，收集人和动物的新鲜血液，立即与适量的抗凝剂充分混合，所得到的抗凝血为全血。每毫升血液中加入抗凝剂的种类可以根据实验的需要选择，用量不宜过大，否则会影响实验的结果。抗凝剂先配成水溶液，按取血量不同加适量于容器中，横放烘干（肝素不宜超过 30℃），使抗凝剂在容器内形成薄层，有利于血液与抗凝剂的均匀接触。肝素是一种较好的抗凝剂，因它对血中有机成分和无机成分的测定均无影响，其主要作用是抑制凝血酶原转变为凝血酶，使纤维蛋白原不能转化为纤维蛋白而凝血。得到的全血如不立即使用，应储存于 4℃冰箱内。

2. 血浆　将抗凝的全血在离心机中离心，使血细胞下沉，得到的上清液即为血浆。质量上乘的血浆应为淡黄色。为避免溶血，必须采用干燥清洁的采血器具和容器，并尽可能少振摇。

3. 血清　收集不加抗凝剂的血液，室温下自然凝固，所析出的淡黄色液体即为血清。制备血清时，血凝块收缩析出血清约需要 3h。为使血清尽快析出，可将血样放入 37℃恒温箱内，促使血块收缩；为了缩短时间，也可用离心机分离。分离出的血清，用滴管吸出供测定用，如不及时使用，应存放于冰箱中。

4. 无蛋白质血滤液　血液中含有丰富的蛋白质，它的存在会干扰测定的结果，所以通常需将其析出，制成无蛋白质血滤液，再进行分析。常用的蛋白质沉淀剂有钨酸、三氯乙酸、氢氧化锌等。血液加入蛋白质沉淀剂后，离心或过滤所得的上清液或滤液，就是无蛋白质血滤液。以钨酸为蛋白质沉淀剂的无蛋白质血滤液，常用于血糖、肌酐、非蛋白氮等成分的测定，用三氯乙酸沉淀的血滤液呈酸性，利于钙、磷的溶解，在测定血清离子含量时多采用。

二、组织样品的处理

在生化实验中，经常利用离体组织研究各种物质代谢途径和酶系的作用。或者从组织中分离、纯化核酸、酶及某些有价值的代谢物进行研究。各种组织样品在实验中都可能用到。

在生物组织中含有大量的催化活性物质，如蛋白酶会降解蛋白，核酸酶会降解核酸。因此，离体组织的采集应尽可能在低温下进行，并尽快完成采集和测定。否则其所含物质的量和生物活性物质的活性都将发生变化。

一般采用颈椎脱臼法或其他方法处死实验动物（如大、小鼠），立即取出相应部位的脏器或组织。去除脂肪和结缔组织后，用冰冷的生理盐水冲洗血液，再用滤纸吸干。称重后，按实验要求制备成组织匀浆或组织糜。

组织糜：迅速将组织剪碎，用捣碎机绞成糜状。或者加入少量黄砂于乳钵中，研磨至糊状。

组织匀浆：取一定量的新鲜组织剪碎，加入适量匀浆制备液，用高速电动匀浆器或者玻璃匀浆器磨碎组织。由于电动匀浆器的杵头在高速运转中会产生热量，因此制备匀浆时需将匀浆器置于冰水中。

常用的匀浆制备液：生理盐水（0.9%的 NaCl 溶液）、0.25mol/L 蔗糖溶液或某种特殊的缓冲液，可根据实验的要求加以选择。

组织浸出液：上述组织匀浆液再经离心分离，所得到的上清液就是组织浸出液。

（贯 辛）

第五章　实验仪器介绍

实验室的仪器种类繁多，不同的仪器有不同的使用要求和注意事项，本章为方便同学尽快熟悉实验室常用仪器，将仪器的使用方法和注意事项举例如下。

一、分光光度计

（一）分光光度计简介

分光光度计是现代分子生物实验室常规仪器，常用于核酸、蛋白质定量分析，以及细菌生长浓度的定量分析。分光光度计采用一个可以产生多个波长的光源，通过系列分光装置，从而产生特定波长的光，光透过测试的样品时，部分被样品吸收，由此计算样品的吸光值。根据朗伯-比尔定律（Lambert-Beer 定律），在一定条件下，吸光度 A 与待测物质的浓度 C 及光程 L 的乘积成正比，即 $A=KCL$，在测得吸光度 A 后，可采用标准曲线法、比较法及标准加入法等方法进行定量分析，从而转化成样品的浓度。分光光度计按波长分类，可分为紫外分光光度计、可见分光光度计。按自动化程度，可分为手动、半自动和自动紫外-可见分光光度计。

（二）分光光度计的结构

722 型光栅分光光度计（图 5-1），采用自准式色散系统和单光束结构，色散元件为衍射光栅，使用波长为 330～800nm，数字显示读数还可以直接测定溶液的浓度。其外部结构可以分为：①电源开关；②模式键按钮；③吸光度调零按钮；④100%T 按钮；⑤数字显示器；⑥波长调节转钮；⑦样品架拉手。

751 型紫外-可见分光光度计（图 5-2），光谱范围在 200～1000nm，可测定各种物质在紫外区、可见光区及红外区的吸收光谱。在波长 320～1000nm 范围内用白灼钨灯作光源，在 200～320nm 内用氢弧灯作光源。光学系统中棱镜及透镜皆由石英制成，适用于紫外光通过，光量可通过狭缝宽度在 0～2nm 连续调节。暗盒中有蓝敏光电管，适用波长在 200～625nm，又有红敏光电管，适用波长在 625～1000nm。

图 5-1　722 型光栅分光光度计

图 5-2　751 型紫外-可见分光光度计

（三）分光光度计的使用（以 722 型为例）

1. **预热**　打开样品槽盖，打开电源，预热 20min。

2. **调节波长**　使用波长调节按钮，具体波长可以从显示窗显示。

3. **样品液准备**　将空白对照和样品液分别装入比色杯中。比色杯有光面和毛面之分，手握毛面，如有液体漏到比色杯外面，应用擦镜纸轻轻拭去。

4. **上样**　将比色杯的光面对准光路，放入仪器。

5. **调零** 将用作背景的空白样品放入样品室光路中，盖上试样盖。选择模式键按钮到 T 模式，调节透光度 100%按钮，使数字显示 100.0；选择模式键按钮到 A 模式，调节透光度 0%按钮，使数字显示 0.00。

6. **测量** 拉动样品架拉手，使测定管的比色杯依次进入光路，显示值即为被测样品的吸光度，并作记录。

7. **清洁** 测量完毕，速将暗盒盖打开，关闭电源开关，取出比色杯，关上盖子，将比色杯中的溶液倒入烧杯中，清洁比色杯。

（四）注意事项

1. 在开机状态，若未进行测量，保持开盖状态；只有关机后，才能关盖。
2. 实验中如果大幅度改变测试波长，在两种波长下测定应间隔数分钟，使光电管有足够时间平衡。
3. 必须正确使用比色杯。不可用手、滤纸、毛刷等摩擦光面，只能用绸布和擦镜纸擦拭。
4. 比色杯内溶液不可盛得过满或过少。
5. 拖动样品架拉手要轻，要到位。
6. 测定溶液浓度的吸光度值在 0.1～0.7 时最符合光吸收定律，线性好、读数误差较小。如吸光度不在 0.1～1.0 范围，可适当稀释或加浓比色液再进行比色。
7. 当仪器停止工作时，切断电源，并罩好仪器。
8. 应将仪器安置于干燥的室内，光线不宜过强。
9. 仪器应置于牢固平稳的台面上，避免发生震动。

二、离　心　机

（一）离心机简介

离心机是利用离心力对混合液（含有固形物）进行分离和沉淀的一种专用仪器。离心机的种类很多，按使用目的可分为两类，即制备型离心机和分析型离心机。前者主要用于分离生物材料，每次分离样品的容量比较大；后者则主要用于研究纯品大分子物质，包括某些颗粒体如核蛋白体（核糖体）等物质的性质，每次分析的样品容量很小。根据待测物质在离心场中的行为（可用离心机中的光学系统连续地监测），能推断其纯度、形状和相对分子质量等性质。通常所使用的离心机根据转子转速大小的不同可分为普通离心机、高速离心机和超速离心机三类。分析型离心机都是超速离心机。根据离心温度又可以分为普通离心机和低温冷冻离心机。

图 5-3　高速离心机

生物化学与分子生物学实验当中经常用到的是最大转速为 16 000r/min 的高速离心机（图 5-3）和低温冷冻离心机。这里仅以普通离心机为例，说明离心机的使用方法。

（二）离心机的使用

1. **平衡** 将装有待离心溶液的离心管置于天平的一侧，用同样的离心管加水置于天平的另一侧配平，并做好标记。

2. **对称** 将已平衡好的一对离心管置于离心机中的对称位置，盖严离心机盖。

3. **启动** 选择离心机上面的“选择”按钮，进行转速和时间的设定。在使用低温冷冻离心机的时候首先要预冷，当达到所设温度时选择“开始”按钮，启动离心机。

4. **结束**　当离心完毕，离心机显示屏上的转速显示为零时，须等待离心机停稳后再取出离心管，关闭离心机。

（三）注意事项

1. 一定要做好离心前的样品平衡。
2. 离心过程中，不得随意离开，应随时观察离心机上的仪表是否工作正常，若听到特殊响声或离心管破裂，应立刻停止离心，检查离心机。当故障排除后方可使用。
3. 离心机要放在平坦和牢固的试验台上，不允许倾斜。
4. 在使用过程中，应尽量避免溶液洒在机器上面和转头里面，使用结束后要及时清理。
5. 不允许用手或者其他物件迫使离心机停转。

三、电　泳　仪

（一）电泳仪简介

电泳法可分为自由电泳（无支持体）及区带电泳（有支持体）两大类。前者包括显微电泳等电聚焦电泳、等速电泳及密度梯度电泳等；区带电泳则包括滤纸电泳、薄层电泳和凝胶（琼脂糖、聚丙烯酰胺凝胶）电泳等。区带电泳可用各种类型的物质作支持体，应用广泛，尤其是琼脂糖凝胶电泳。

琼脂糖凝胶电泳操作简单、快速、灵敏，是分离、鉴定和提纯核酸的首要标准方法。核酸分子是两性解离分子，在 pH 小于其等电点时，碱基上的氨基基团解离，而三个磷酸基团中只有第一个磷酸解离，整个分子带正电荷，在电场中向负极泳动；在 pH 大于等电点时，碱基几乎不解离，磷酸全部解离，核酸分子带负电荷，在电场中向正极移动。不同大小和构象的核酸分子的电荷密度大致相同，在自由泳动时，各核酸分子的迁移率区别很小，难以分开。所以采用合适浓度的凝胶介质作为电泳支持物，发挥分子筛的功能，使不同分子大小和不同构象的核酸分子泳动率出现较大差异，达到分离的目的（图 5-4）。

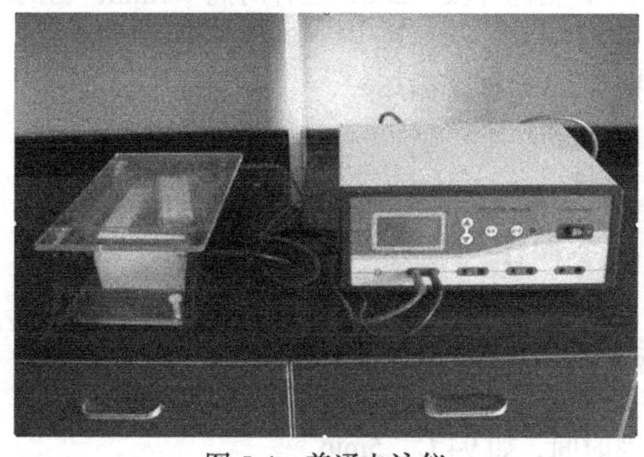

图 5-4　普通电泳仪

（二）电泳仪的使用方法

1. 根据需要配制相应浓度的琼脂糖凝胶（如 1%或 2%）。
2. 将样品与上样缓冲液混合，上样[包括标志物（marker）]。
3. 用导线把电泳槽的两个电极与电泳仪的直流输出端连接。
4. 打开电泳仪电源开关，根据工作需要选择电压电流，启动程序。
5. 电泳过程中观察溴酚蓝的位置，根据情况适时终止电泳。

6. 电泳结束后，关闭电源，收好导线，取出凝胶，在紫外光下观察结果。

（三）注意事项

1. 一般缓冲液中，核酸均带负电，故应注意电极正负极的正确连接。
2. 电泳要选择合适的电压电流。
3. 电泳过程中要密切观察溴酚蓝的位置，避免跑过头。
4. 电泳过程中发现异常情况，须立刻切断电源，进行检修，以免发生意外事故。

四、PCR　仪

（一）PCR 仪简介

图 5-5　普通 PCR 仪

聚合酶链反应（polymerase chain reaction，PCR）是一种选择性体外扩增 DNA 的方法，PCR 仪则用于完成 PCR 的全过程。PCR 仪可分为样品承载装置、电源装置和微处理控制模块三个主要部分。最新型号的 PCR 仪已完全用计算机进行控制，其自动化程度和数据处理功能得到进一步加强，利用压缩机制冷，半导体加热，配有盖加热板，温度控制准确，升温、降温速度快且管槽间的温度均一性较高。其备有温度校验仪，还可随时检查孔内温度情况，避免误操作；自动化程度高，所编程序随时存储，并可随时调用（图 5-5）。

（二）PCR 基本参数

一个典型的 PCR 循环一般包括 7 步反应。

1. **预变性**　可用 94～95℃，5min 左右。
2. **变性**　一般用 94℃，30s 至 2min。
3. **退火**　根据 T_m 值自行设定退火温度，时间一般为 30s 至 2min。
4. **延伸**　一般用 72℃，目的片段<2kb，延伸时间<1min；目的片段>2kb，每增加 1kb 延伸时间加 1min。
5. **设置循环数**　一般为 25～35 个循环。
6. **最终延伸**　72℃，10min。
7. **保存**　4℃保存。

（三）PCR 仪的基本操作

1. 插上电源，开启 PCR 仪电源开关。
2. 打开 PCR 仪的盖子，合理放置样品，合上盖子。
3. 在屏幕显示主界面时按“creat”键进入编辑界面开始编辑。
4. 设置预变性温度及时间，如 94℃，5min。
5. 设置每个循环的参数及循环数，如变性：94℃，30s；退火：55℃，30s；延伸：72℃，2min；循环数：30。
6. 设置最终延伸时间，如 72℃，10min。
7. 设置保存温度，为预防 PCR 产物的降解，一般设置为 4℃保存。
8. 设置完成后，按“start”键，启动反应。
9. 此时会出现设置反应体系的界面，根据实验的反应体系进行设置，多为 5～100μl。
10. 按“run”键，运行反应。

11. 程序结束后，取出样品，关闭电源。

清理台面，在记录本上记录使用情况。

（四）注意事项

1. 为保证 PCR 仪升温、降温的速度，应严密盖好 PCR 仪的加热盖。
2. 为保证样品不被蒸发，应封闭好反应管。
3. PCR 仪运行期间切不可打开加热盖。
4. 所用的离心管或吸头必须经过灭菌消毒。
5. 将配制反应体系和 PCR 反应、检测进行分区操作，以防止样品污染，产生非特异性扩增。

五、高压蒸汽灭菌锅

（一）高压蒸汽灭菌的原理

由于灭菌锅的密闭性，蒸汽不能外溢，随着压力的不断上升，水的沸点也不断提高，因而锅内温度也随之上升，在达到 100kPa 的压力时，锅内温度也达 121℃，在维持 15min 后，可杀死各种细菌及其高度耐热的芽孢（图 5-6）。

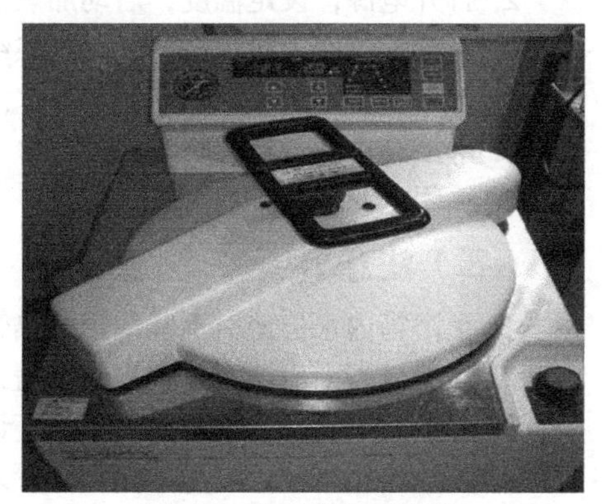
图 5-6　高压蒸汽灭菌锅

（二）高压蒸汽灭菌锅的使用

高压蒸汽灭菌锅的全自动化，已使得其使用相当方便快捷。打开电源和锅盖，将包装好的待灭菌物品放入灭菌锅内，运行设置好的程序，灭菌锅会自行升温、升压，在达到 121℃时会自动启动 20min，灭菌结束后又会自动排气、减压。待压力表降至“0”时，关闭电源，拧松螺旋，半开锅盖，用锅内余热烘烤物品，10min 后取出灭菌物品。

（三）注意事项

1. 灭菌前检查灭菌锅的排气阀，保证其完好性。
2. 灭菌前要向锅内倒入一定量的水，以保证蒸汽的产生。
3. 包裹不应过大、过紧，一般应小于 30cm×30cm×50cm。
4. 灭菌锅内的包裹不要排得太密，以免妨碍蒸汽透入，影响灭菌效果。
5. 压力、温度和时间达到要求时，指示带上和化学指示剂即应出现已灭菌的色泽或状态。
6. 易燃、易爆物品，如碘仿、苯类等，禁用高压蒸汽灭菌。
7. 锐性器械，如刀、剪不宜用此法灭菌，以免变钝。
8. 瓶装液体灭菌时，容器不得密闭，可将瓶盖拧好后回转一圈；如有橡皮塞时，应插入针头排气。
9. 应有专人负责，每次灭菌前，应检查安全阀的性能，以防压力过高发生爆炸，保证安全使用。
10. 注明灭菌日期和物品保存时限，一般可保留 1～2 周。

六、恒温水浴箱

（一）恒温水浴箱简介

恒温水浴箱（图 5-7）用于恒温水浴加热，方便快捷，温度恒定。工作温度为 0～100℃。

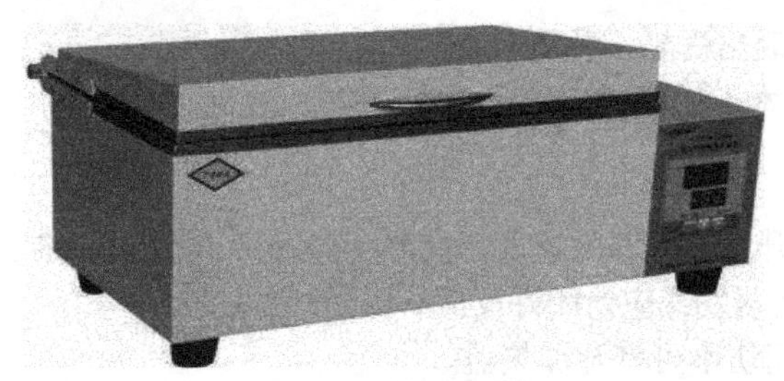

图 5-7　恒温水浴箱

（二）恒温水浴箱使用方法

1. 关闭水浴箱底部外侧的放水阀门，向水箱中注入蒸馏水至适当的深度。
2. 打开电源，设定温度，启动加热按钮，此时水浴箱的指示灯显示红色，表示正在加热。
3. 当指示灯变为绿色时，表示加热结束，达到并恒定维持设定温度。
4. 放入待水浴加热的物品，盖好水浴箱盖。
5. 水浴结束后，取出物品。
6. 关闭电源开关，拔下插头。

（三）注意事项

1. 水浴箱内水位绝对不能低于电热管，否则电热管将被烧坏。
2. 使用过程中应注意盖上水浴箱盖，防止箱内水被蒸干。
3. 长期不用后初次使用，应用温度计测定温度，防止水浴箱的指示温度不准。
4. 不处于使用状态的水浴箱内应置入一定量的水，防止加热板的腐蚀。

七、恒温 CO_2 孵育箱

（一）恒温 CO_2 孵育箱简介

图 5-8　恒温 CO_2 孵育箱

恒温 CO_2 孵育箱应用于生物化学与分子生物学实验中的细胞或组织培养，其通过在培养箱箱体内模拟形成一个细胞或组织在生物体内的生长环境，如恒定的酸碱度（pH 7.2～7.4）、稳定的温度（37℃）、较高的相对湿度（95%）、稳定的 CO_2 水平（5%），来对细胞或组织进行体外培养（图 5-8）。

（二）恒温 CO_2 孵育箱的使用

1. 将孵育箱自带的减压阀装在 CO_2 钢瓶上，将减压阀输出接头用胶管与 CO_2 孵育箱背后上方的 CO_2 进气管接头相连，用压紧圈压紧，打开 CO_2 阀，调节到所需浓度，如 5%。

2. 将温度设定值调到需要的温度（如 37℃），等待加热（注：环境温度超过 25℃，可以用空调降低环境温度）。

3. 待温度达到设定值（波动在±0.5℃以内），CO_2 浓度和湿度也符合要求后，即可进行细胞培养。

4. 培养结束后，开箱门取出培养瓶。对细胞或组织操作结束后重新放入。若停止培养，则应先将 CO_2 钢瓶关闭，最后关闭总电源。

（三）注意事项

1. 用螺旋口培养瓶培养细胞时，需将瓶盖微松，以保证通气。
2. 箱内水槽需保持 1/3～1/2 的水，以保证箱内湿度。
3. 取放培养品时应动作迅速，减少 CO_2 消耗，可将其集中放于托盘内整取整放。
4. 需定时对培养箱进行消毒，以保证空气的洁净。
5. 多数培养箱配有温度和 CO_2 异常报警系统，当出现异常时，需及时处理。

八、恒温空气培养箱

（一）恒温空气培养箱简介

电热恒温空气培养箱主要用于细菌培养、育种、发酵及温度不高于 60℃的恒温实验（图 5-9）。

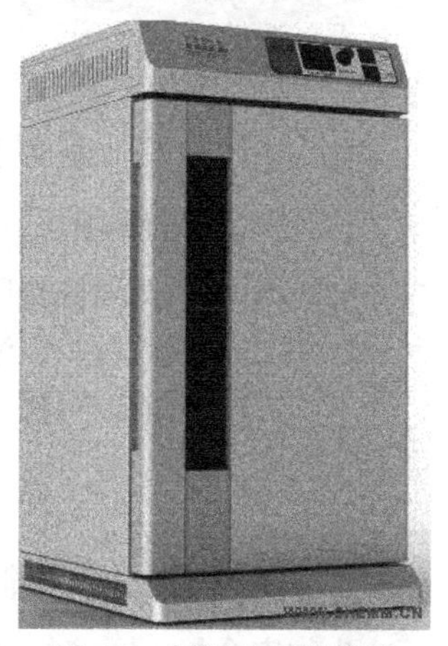

图 5-9　恒温空气培养箱

（二）恒温空气培养箱的使用方法

1. 通电前，先检查培养箱的电气性能，应注意是否有短路或漏电现象。

2. 打开电源，向托盘内注入一定量水，设置好所需温度，启动加热。仪表的绿色指示灯亮，加热开始，仪表窗口显示测量温度值，当温度达到设定值时，仪表红色指示灯亮，停止加热（当温度低于设定值时，仪表又转至绿色指示灯亮，重新升温，周而复始，可使温度保持在设定值附近）。

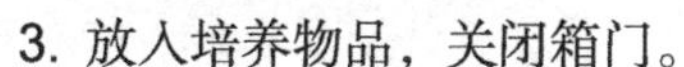

3. 放入培养物品，关闭箱门。

4. 培养结束后，取出物品，关掉电源，拔下插头。

（三）注意事项

1. 通电时切忌打开箱体。
2. 移动箱体必须先切断电源，将箱内的物品取出，防止触电和碰损。
3. 易燃物品不宜放入箱内做烘焙试验，以防燃烧。
4. 物品放置箱内不宜过挤，以便冷热空气对流，保持箱内温度均匀。
5. 使用期间箱内托盘应不缺水，以保证一定的空气湿度。

九、恒　温　箱

（一）恒温箱的分类和结构

恒温箱（图 5-10）是实验室常用设备之一，其主要用途有烘烤物品、容器的水分，灭菌及培养、孵化等。按使用的温度不同可分为干燥箱（又称烘箱、烤箱）和保温箱两类。干燥箱最高温度可至 300℃，可用于消毒灭菌，烘干样品、药品、器皿水分。保温箱的最高使用温度为 60℃，一般用于培养和孵化。

恒温箱由箱体、发热体、测温仪或温度计、控温元件和信号元件等组成。特殊的恒温箱还包括鼓风机、水箱、防爆装置等。进气口一般在箱底部，出气口在箱顶部。金属作为外壳，内有玻璃纤维或石棉板作为保温层，发热体即电热丝一般装在箱体内部的底层，有的在侧壁也有电热丝。

（二）使用方法

1. 使用前，检查箱外、箱内，箱外附近不能堆放杂物，箱内如有其他物品应将其取出放

图 5-10　恒温箱

好。检查电源和开关。打开箱顶部的排气孔，插入相对应的温度计。箱外壳要接好地线，以防漏电伤人。

2. 通电时，指示灯应亮，如不亮，缓慢旋动调温旋钮至指示灯亮起。如有鼓风机，可将其开关打开。箱内温度上升接近所需温度时，可将辅助加热系统关闭；箱内温度达到所需温度时，指示灯熄灭。待指示灯自动交替明灭时，说明箱内温度已处于恒温状态，再读取温度计数值是否为所需温度，如有偏差，可微调调温旋钮。

3. 当温度稳定在所需温度时，可进行干燥、灭菌或培养等处理。注意：温度计测温点主要位于箱体上 1/3 处，箱体内部下层的实际温度更高。

4. 使用完毕后，将各个开关关闭，将调温旋钮调回零位。

（三）注意事项

1. 恒温箱的调温旋钮所指处并不是箱内温度刻度。
2. 每次恒温后可将恒温温度和旋钮所指处做记录，以便作为参考。
3. 实验进行前，可预先将恒温箱开启，以节省时间。

十、生物安全柜

（一）生物安全柜简介

生物安全柜（图 5-11）适用于操作原代培养物、菌毒株等具有感染性的实验材料，用以保护操作者、实验室环境及实验材料，使其避免暴露于摇动、倾注、搅拌等操作过程中可能产生的肉眼无法看到的直径小于 5μm 的感染性气溶胶和溅出物，以及避免工作台面其他材料的交叉污染。生物安全柜同时也能保护工作环境。

图 5-11　生物安全柜

（二）生物安全柜分类

根据生物安全柜国际标准规定，生物安全柜可分为一级、二级和三级 3 类（安全柜的分类级别与生物安全等级无关）。

1. **一级生物安全柜**　可保护工作人员和环境而不保护样品。气流原理和实验室通风橱一样，不同之处在于排气口安装有高效空气过滤器（HEPA）。一级生物安全柜本身无风机，依赖外接通风管中的风机带动气流，由于不能保护柜内产品，目前已较少使用。

2. **二级生物安全柜**　是目前应用最为广泛的柜型。按照 NSF49 中的规定，二级生物安全柜依照入口气流风速、排气方式和循环方式可以分为 4 个级别：A1 型，A2 型（原 B3 型），B1 型和 B2 型。所有的二级生物安全柜都可提供对工作人员、环境和产品的保护（图 5-11）。

3. **三级生物安全柜**　是为生物安全防护 3～4 级实验室而设计的，柜体完全气密，工作人员通过连接在柜体的手套进行操作，俗称手套箱。试验品通过双门的传递箱进出安全柜以确保不受污染，适用于高风险的生物试验。

（三）生物安全柜的使用

根据世界卫生组织（WHO）《实验室生物安全手册》的相关规定，生物安全柜的选择和使用有着严格的标准，正确使用生物安全柜能一定程度地减少或避免生物危害。

（四）注意事项

1. 使用前30min开启紫外灭菌灯，对工作区域进行照射杀菌。
2. 使用前20min将通风机启动。
3. 使用时，关闭紫外灭菌灯，开启日光灯。
4. 使用完毕，应擦净工作台面，开启紫外灭菌灯消毒灭菌，20min后关闭紫外灯，关闭安全柜电源。
5. 操作区不允许放置不必要的物品，保持洁净，气流通畅。
6. 挡风玻璃上下移动时不要用力过猛，以防玻璃破损伤人。
7. 长期不使用的工作台要拔下电源插头。
8. 请勿在周围有人时开启紫外灯。

十一、pH　计

（一）pH计简介

pH计主要用来精密测量液体介质的酸碱度值。这里以HANNA pH213台式pH计（图5-12）为例，介绍其使用方法和注意事项。

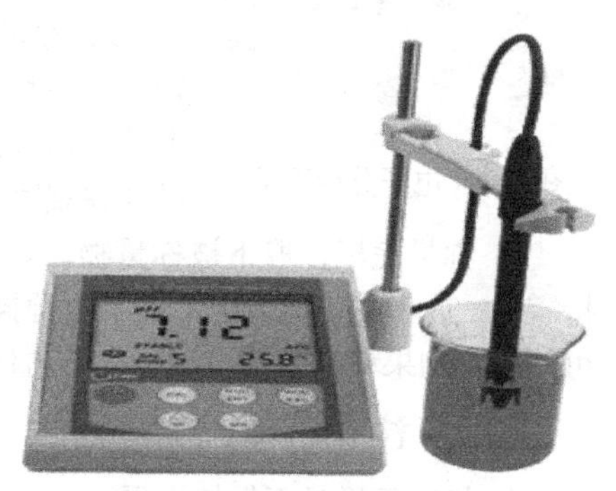

图5-12　台式pH计

（二）使用方法

1. pH校准准备　开机预热pH计20min后，将少量标定液分别各倒入两个干净的烧杯，一个作为“清洗标定液”，另一个作为“校正标定液”。然后，将pH测定电极的保护套小心取下，用蒸馏水冲洗电极杆和玻璃探头，然后再用滤纸轻轻拭干。

2. pH双点校准　首先，将电极放入pH 7.01的清洗标定液中，轻轻摇动数秒。然后转移至该pH的校正标定液，轻摇之，按下“CAL”键，仪器将会显示“CAL”和“BUF”及“pH 7.01”字样。当读数稳定时，将显示“READY”和“CFM”，“CFM”闪烁，按下“CFM”键确认校准。用蒸馏水冲洗电极杆和玻璃探头，用滤纸轻轻拭干。再将冲洗后的电极放入pH4.01的清洗标定液中，进行同样操作，最后用蒸馏水冲洗电极杆和玻璃头，滤纸拭干。

3. 测量　将电极和温度探头浸入待测溶液约4cm，停数分钟后待读数稳定，其液晶显示大字即溶液的pH，小字为溶液的温度。测定完毕后，将探头用蒸馏水冲洗并拭干，用探头保护套套好，套内尽量避免气泡遗留。如保护套中的液体不够时，用移液器取pH 7.01的标定液补满。

如果待测液体为两种或两种以上，将探头从一种溶液转移至另一种溶液时，一定要用蒸馏水冲洗后再拭干。

（三）注意事项

1. 玻璃电极插孔应保持干燥、清洁，严禁接触酸雾、盐雾等有害气体，严禁沾上水溶液，保证仪器的高输入阻抗。玻璃电极小球的玻璃膜极薄，容易破损，切忌使其与硬物接触。玻璃电极的玻璃膜不要沾上油污，如不慎沾有油污可先用四氯化碳或乙醚冲洗，再用乙醇冲洗，最后用蒸馏水洗净。

2. 新电极或久置不用的电极在使用前，必须在蒸馏水中浸泡数小时，使电极不对称电位降低达到稳定，降低电极内阻。

3. 使用时，应取下参比电极电解液加液口的橡皮塞，以使参比电解液（盐桥）借重力作用维持一定流速渗透并与被测溶液相通。否则，会造成读数漂移。

4. 应该经常添加氯化钾盐桥溶液，保持液面高于银/氯化银丝。

十二、电子分析天平

（一）电子分析天平简介

图 5-13　电子分析天平

电子分析天平（图 5-13）结构紧凑，性能优良，最大载荷量“克”，感量“毫克”，自动计量，数字显示，操作简便。其清除键可方便去皮重，适于累计连续称量。

（二）使用方法

1. 使用天平称量前，首先清洁称量盘，检查、调整天平的水平。然后，接通电源，预热 15min 后，按清除键，显示屏显示“0.0000”。

2. 称量。推开天平右侧门，将干燥的称量瓶、小烧杯或硫酸纸轻轻放在称量盘中心。关上天平门，待显示平衡后按清除键扣除皮重并显示零点，然后推开天平门往容器中或硫酸纸上缓慢加入待称量物并观察显示屏，显示平衡后即可记录所称取物品的净重。

3. 称量完毕，取下被称量物。如果不久还要继续使用天平，可暂时不关闭，天平自动保持零位，或者关闭电源但不拔下电源插座，使天平处于待机状态，再次称样时打开电源开关就可使用。如果称量后较长时间内不再使用，应拔下电源插头，盖好防尘罩。

（三）注意事项

1. 检查天平是否保持水平。

2. 不准在称量盘上直接称量试剂。

3. 被称量物的温度应与室温相同，不得称量过热或有挥发性的试剂。

4. 开、关天平的键钮，开、关侧门，放、取被称量物等操作，动作都要轻缓，不可用力过猛。

5. 调零点和读数时必须关闭两个侧门，并完全开启天平。称量完毕，应做好天平内、外的清洁工作。

6. 使用中如发现天平异常，应及时报告指导教师或实验室工作人员，不得自行拆卸维修。

（贯　辛）

第六章　实验报告撰写及要求

实验报告是从事实验工作的总结和汇报，也是培养学生实验能力和严谨科学作风的重要方面。实验报告的书写水平是衡量学生实验能力的一个重要方面。掌握好实验报告的撰写将会对学生今后的工作和学习带来很大裨益。

一、实 验 报 告

实验报告主要包括：实验名称、实验日期、操作者、实验目的、实验原理、实验仪器和试剂、实验步骤、实验结果、分析讨论等部分。

实验报告的书写是一项重要的基本技能训练。它不仅是对每次实验的总结，更重要的是它可以初步培养和训练学生的逻辑归纳能力、综合分析能力和文字表达能力，是科学论文写作的基础。因此，实验者应及时详细、准确、如实地做好实验记录，做到内容实事求是，分析全面具体，文字简练通顺，誊写清楚整洁。

二、实验报告的撰写要求

1. 实验前必须认真预习实验，了解实验原理，熟悉实验步骤。

2. 实验报告所记录的数据不得随意涂改和编写，记录时用圆珠笔或钢笔，写错时可以用笔划去重写。同组的同学合做一个实验时，每人都必须有相同而完整的实验记录，如是层析图或电泳图，可图示表示。

3. 实验中，需及时准确地记录所观察到的实验现象和数据，做到条理清楚，内容完整，字迹工整。实验记录必须客观公正，不夹杂主观因素。

4. 实验记录中要注意有效数字，条件允许时可重复观测两次以上，尽可能减少仪器产生的误差。

5. 实验报告用语要简洁明了，抓住关键，实验数据可整理成表格或作图表示，以便比较，一目了然。

6. 实验结果的分析讨论部分是实验报告的精华所在，也是衡量学生实验能力、分析能力和综合能力的重要方面。结果讨论不是实验结果的重述，而是以结果为基础的逻辑推理。希望学生充分应用所学的生物化学和分子生物学知识，对实验结果进行深入分析、探讨，提出自己独到的见解。

7. 实验报告由教研室统一印制，以便教师批阅，不要用练习本和其他纸张代替。

（殷冬梅）

第二部分　生物化学实验原理与技术

第七章　分光光度法

概　述

光兼具电磁波与粒子流两种特性，光线就是高速运动的光子流。同时又是一种电磁波，其传播呈波动性质，具有波长和频率等特征。电磁波的能量与其波长和频率有关，波长越短的电磁波，其能量越高。不同波长的电磁波表现出不同的特点，可以分为无线电波、红外线、可见光、紫外线、X 射线和 γ 射线等。不同电磁波按照波长顺序排列如表 7-1 所示。

表 7-1　电磁波波长

γ 射线	X 射线	紫外线	可见光	红外线	无线电波
0.0001～0.001nm	0.001～10nm	200～400nm	380～780nm	750nm～1mm	1mm～

人肉眼可见的电磁波称可见光，波长范围在 380～780nm。200～400nm 为紫外光区，750nm～1mm 为红外光区。可见光区的电磁波，因波长不同而呈现不同的颜色，这些不同颜色的光称为单色光。太阳等自然光源发出的白光是各种单色光的混合光。由于不同波长光的折射率不同，利用棱镜可以将白光按照波长顺序分成各种单色光，即红、橙、黄、绿、青、蓝、紫等，这就是光谱。单色光并非单一波长的光，而是一定波长范围的混合光。

一切物质都会对特定波长的光进行吸收或反射，从而呈现出不同的颜色。不同物质对不同波长的光表现为不同的吸收现象，这一性质称为选择性吸收。有色溶液之所以呈现出不同的颜色，就是由于溶液对光的选择性吸收所致。某些无色物质虽对可见光无吸收作用，但也能选择性地吸收在可见光范围外的部分光能，即可吸收特定波长的紫外光或红外光。物质的吸收光谱与它们自身的分子结构有关，不同的物质由于其分子结构的不同，对不同波长光的吸收能力也不同，因此每种物质都具有其特异的吸收光谱。在一定条件下，其吸收程度与该物质的浓度成正比。因此，可以利用各种物质不同的吸收光谱特征及其强度对不同物质进行定性或定量的分析。吸收光谱的测定可用来检测各种不同的物质。

一、分光光度法

分光光度法是利用溶液中特定溶质的光吸收来测定其浓度的方法，其基本原理依据 Lambert 定律和 Beer 定律。

（一）Lambert 定律

当一束平行单色光垂直照射于一均匀物质溶液时，溶液将吸收一部分光能，使光的强度减弱。若溶液的浓度不变，则在溶液中的光程越长，光线强度的减弱也越显著。

设入射光强度为 I_0，透射光强度为 I，L 代表光在溶液的光程。

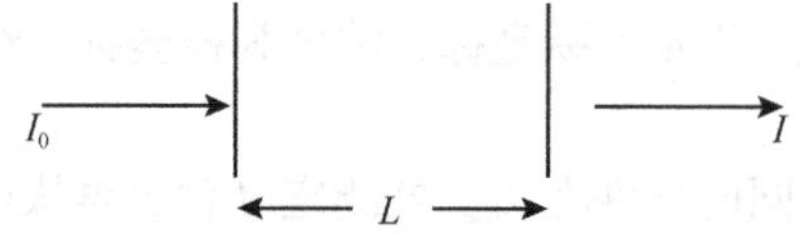

根据辐射能理论推导，I_0与I之间的关系为

$$\lg\frac{I_0}{I}=K_1L$$

其中，K_1是常数，受光线波长、溶液性质、溶液浓度的影响。

（二）Beer 定律

当一束单色光通过一溶液时，光能被溶液介质吸收一部分。若光程不变，则溶液的浓度 C 越大，光吸收作用越强，透射光强度的减弱也越显著，光线减弱的比例与溶液浓度成正比。

$$\lg\frac{I_0}{I}=K_2C$$

其中，K_2为吸收系数，是常数。溶液对光吸收的强弱与溶液浓度 C 成正比。

（三）Lambert-Beer 定律

将 Lambert 定律与 Beer 定律合并：

$$\lg\frac{I_0}{I}=KCL$$

令
$$A=\lg\frac{I_0}{I}\qquad T=\frac{I}{I_0}$$

则
$$A=KCL=-\lg T$$

其中，T 为透光度，A 为吸光度，又称消光度或光密度。K 为常数，又称消光系数（extinction coefficient），表示物质对光线的吸收能力，因物质的种类和光线的波长而异。对于相同的物质和相同波长的单色光则消光系数不变。

（四）待测样品浓度的计算

根据 Lambert-Beer 定律，如果单色光的波长、溶液的性质和光在溶液中行进的距离一定时，用一个已知浓度的标准液和一个未知浓度待测溶液进行比色分析就可以得出下列运算公式：

$$A_{标}=KC_{标}L\qquad A_{样}=KC_{样}L$$

由于是同一物质及相同的光程，故：

$$\frac{A_{样}}{A_{标}}=\frac{KC_{样}L}{KC_{标}L}=\frac{C_{样}}{C_{标}}\qquad C_{样}=\frac{A_{样}}{A_{标}}\cdot C_{标}$$

式中，$C_{样}$为待测样品浓度，$A_{样}$为待测样品吸光度，$C_{标}$为标准溶液浓度，$A_{标}$为标准溶液吸光度。

根据上式可知，对于相同物质和相同波长的单色光，消光系数是固定的，因此，溶液的吸光度和溶液的浓度成正比。故已知标准溶液的浓度及吸光度，依据公式可计算出待测样品溶液的浓度。

二、分光光度法在生物化学中的应用

利用分光光度法对物质进行定量测定的方法主要有如下几种。

（一）标准曲线法

用已知浓度的标准溶液，配制成一系列不同浓度的标准溶液，在最大吸收波长（λ_{max}）处测出各样品的吸光度（A）值，以 A 为纵坐标，浓度为横坐标，绘制标准曲线，取其直线部分作定量依据。

在测定待测样品时，以相同的条件在 λ_{max} 处测定 A 值，再从标准曲线上查得该样品的相应浓度。

标准曲线的制作与待测溶液的测定应在同一仪器上进行。在配制样品时，一般选择其浓度相当于标准曲线中部的浓度较好。

（二）直接比较法

直接比较法即标准管法。将样品溶液与已知浓度的标准溶液在相同条件下测定 λ_{max} 处的 A 值。在此条件下两者 K 值相同，因此可根据下列公式求得样品溶液的浓度含量。

$$C_{样}=\frac{A_{样}}{A_{标}}\cdot C_{标}$$

三、分光光度计的工作原理

分光光度计的种类很多，其基本原理与结构基本相似，其内部结构一般都包括图 7-1 所示的几个主要部件。

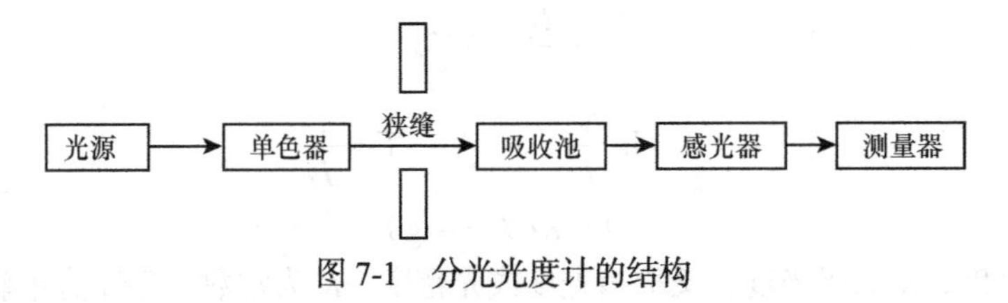

图 7-1 分光光度计的结构

（一）光源

一个良好的光源要求具备发光强度高、光谱范围较宽、稳定和使用寿命长等特点。分光光度计上常用的光源有钨灯和氢灯（或氘灯），前者适用于 340～900nm 的波长范围，后者适用于 200～360nm 的紫外光区。为了保证发出的光稳定，需要通过稳压电源给光源供电。

（二）单色器

单色器是将混合光波分解为单一波长光的装置，多用棱镜或光栅作为色散元件。它们能在较宽的光谱范围内分离出相对纯的光线，通过此色散系统可以根据需要选择一定波长范围的单色光。单色光的波长范围越狭，仪器的敏感性越高，测量的结果越可靠。

（三）狭缝

狭缝是一对隔板在光通路上形成的缝隙。分光光度计的缝隙大小是可以调节的，通过调节缝隙的大小调节入射单色光的强度，并使入射光形成平行光线，以适应检测器的需要。

（四）吸收池

吸收池又称比色杯、比色皿或比色池，一般由玻璃或石英制成。在可见光范围内测量时选用光学玻璃吸收池，在紫外光范围内测量时必须用石英池。注意保护比色杯的质量是取得良好分析结果的重要条件之一。比色杯上的划痕、指纹、油污或壁上的沉积物都会显著影响其透光性，因此务必仔细操作，及时清洗以保持比色杯的清洁。

（五）检测系统

检测系统主要由感光器和测量器两部分组成。常用的感光器有光电池、真空光电管或光电倍增管等。它们可将接收到的光能转变为电能，并应用高灵敏度放大装置，将弱电流放大，提高敏感度。通过测量所产生的电能，由电流计显示出电流的大小，在仪表上可直接读出 A 值或 T 值。较高级的现代仪器还常配备有计算机或自动记录器，可自动绘制吸收曲线。

四、分光光度计的类型及使用方法

见第一部分第五章：实验仪器介绍。

（贾　辛）

实验1　紫外分光光度法测定核酸与蛋白质含量

【目的与要求】

1. 掌握紫外分光光度法测定核酸与蛋白质含量的原理。
2. 学习紫外分光光度计的原理及使用方法。

【实验原理】

在DNA和RNA中含有嘌呤碱基与嘧啶碱基，在蛋白质中含有酪氨酸和色氨酸，这些物质都存在共轭双键，因此核酸与蛋白质具有吸收紫外光的性质。核酸的紫外吸收高峰在波长260nm处，蛋白质的紫外吸收高峰在280nm处。

由于核酸分子中碱基的含量非常稳定，核酸溶液的浓度与其在260nm的光吸收（A_{260}）呈正比关系。双链DNA由于碱基隐藏在双螺旋中，其吸光度较低，变性为单链后产生增色效应，吸光度比较高。RNA分子的吸光度则介于二者之间。不同类型核酸的浓度可以用以下简单的公式进行计算。

$$\text{单链DNA：} C\,(\mu g/ml) = 37 \times A_{260}$$
$$\text{双链DNA：} C\,(\mu g/ml) = 50 \times A_{260}$$
$$\text{RNA：} C\,(\mu g/ml) = 40 \times A_{260}$$

在无其他物质干扰时，蛋白质溶液在280nm的光吸收（A_{280}）与其浓度呈正比关系，可作定量测定。但是，由于不同的蛋白质其色氨酸或酪氨酸的含量不同，将 A_{280} 直接作为蛋白质浓度的测定指标是不准确的，一般应制作标准曲线。蛋白质测定时也可应用Warburg-Christian经验公式或Lowry-Kalcker经验公式计算蛋白质的浓度。

Warburg-Christian公式：蛋白质浓度（mg/ml）$=1.55A_{1cm280}-0.76A_{1cm260}$

Lowry-Kalcker公式：蛋白质浓度（mg/ml）$=1.45A_{1cm280}-0.74A_{1cm260}$

将280nm的吸光度与260nm的吸光度各乘以系数相减后即为近似的蛋白质浓度。其中 A_{1cm280} 与 A_{1cm260} 分别代表光径为1cm时对280nm和260nm光的吸光度。

此方法对微量蛋白质的测定既快又方便，不消耗样品，且低浓度盐类不干扰测定。此方法使用时应注意以下几点。

（1）不同蛋白质的光吸收度，因芳香氨基酸残基不同而有差异，因此需用同种蛋白质作对照。

（2）若样品中含有核酸（嘌呤、嘧啶）类物质，对蛋白质测定有较大干扰。核酸也能吸收280nm的紫外光，但对260nm的紫外光吸收更强。如同时测定260nm的光吸收，通过计算可以适当校正核酸对蛋白质测定的影响。

（3）紫外光吸收适用于蛋白质浓度为0.1～0.6mg/ml样品的测定。

【操作步骤】

1. 核酸含量测定

（1）样品测定：取400μl蒸馏水，加入石英比色杯中，在260nm处将仪器调零。加入待测DNA溶液4μl，混合均匀后测定吸光度。在280nm处重复上述操作。

（2）核酸浓度计算：按下列公式计算DNA浓度：

$$\text{DNA浓度（μg/ml）} = A_{260} \times 100 \times 50$$

其中100为稀释倍数。50是吸光度为1时的DNA浓度。

在核酸测定时可以计算A_{260}与A_{280}的比值用于检查核酸的纯度。纯DNA的A_{260}/A_{280}为1.8，纯RNA的A_{260}/A_{280}为2.0。当存在蛋白质污染时，这一比值会明显降低。

2. 蛋白质含量测定

（1）制作标准曲线：取8支大试管，按表7-2的编号进行操作。

表7-2 蛋白质含量测定标准曲线制作

试剂（ml）	管号							
	0	1	2	3	4	5	6	7
1mg/ml标准蛋白溶液	0	0.5	1.0	1.5	2.0	2.5	3.0	4.0
0.9% NaCl溶液	4	3.5	3.0	2.5	2.0	1.5	1.0	0
蛋白质浓度（mg/ml）	0	0.125	0.250	0.375	0.500	0.625	0.750	1.00

混匀各管，选用光程为1cm的石英比色杯，在280nm波长处分别测定各管溶液的光密度值（OD值）。以光密度值为纵坐标，蛋白质浓度为横坐标，绘出标准曲线。

（2）测定样品：取待测蛋白质溶液1ml，加入蒸馏水3ml混匀，按上述方法测定280nm处的光密度值，并从标准曲线上查出待测蛋白质的浓度。

【注意事项】

1. 对于测定那些与标准蛋白质中酪氨酸和色氨酸含量差异较大的蛋白质，有一定的误差。
2. 若蛋白样品中有核酸等吸收紫外光的物质，会出现较大干扰。
3. 由于玻璃不透紫外线，需用石英比色杯。

【试剂】

1. DNA溶液：取纯化的质粒DNA，用蒸馏水稀释至终浓度1μg/μl。
2. 标准蛋白溶液：牛血清白蛋白（试剂级）溶液，用0.9% NaCl溶液配制成浓度为1mg/ml的溶液。
3. 待测蛋白质溶液：用牛血清白蛋白或其他蛋白配制，蛋白质浓度控制在1.5～2.5mg/ml。

【器材】

紫外分光光度计、试管和试管架、吸量管。

【思考题】

1. 怎样测定蛋白质样品中核酸的污染，如何避免DNA或RNA污染？
2. 纯化生物样品中的DNA或RNA时，如何有效控制蛋白质污染？

（殷冬梅）

实验2 血清蛋白的盐析与定量

【目的与要求】

1. 掌握盐析的原理和方法。
2. 掌握双缩脲法测定蛋白质含量的原理和方法。
3. 了解血清蛋白质定量测定的临床意义。

【实验原理】

在蛋白质溶液中加入中性盐至一定浓度时，蛋白质就会被沉淀，这种作用称为盐析。其机制与下列因素有关：高浓度的盐离子可与蛋白质分子争夺表面水化膜，同时盐又是强电解质，可抑制蛋白质的解离，使蛋白质带电量减少。盐析沉淀蛋白一般不引起蛋白质变性，经透析或加水稀释后仍可溶解，盐析是可逆过程。

正常人的血清蛋白中白蛋白占绝大部分，约60%以上，其余为球蛋白，两者比例为（1.5～2.5）：1。白蛋白在水中的溶解性大于球蛋白，在血清中加入硫酸铵至半饱和时，球蛋白可被完全沉淀，而白蛋白保持溶解状态，依此可将白蛋白和球蛋白分离。

蛋白质含量的测定是利用双缩脲法，其基本原理是：蛋白质（或肽）分子中含有许多肽键，与双缩脲结构（$H_2NOC—NH—CONH_2$）类似，在碱性溶液中能与铜离子结合成紫红色的化合物（称双缩脲反应）。在一定的浓度范围内，化合物的颜色深浅与蛋白质（或肽）的含量成正比，故可用比色法测定蛋白质（或肽）的含量。因含有肽键的物质才有此反应，故氨基酸不能用此方法测定含量。

正常血清中含有多种蛋白质，其总量为（6～8）g/100ml。在某些病理情况下，如营养不良、肝脏疾患，可因蛋白质合成减少，或因肾病综合征，蛋白质从尿中流失而导致测出结果降低；而在严重脱水情况下，由于血液浓缩可致测出结果增高。血清蛋白浓度升高不如其降低的临床意义大，而白/球比值的改变更具有临床意义。

【操作步骤】

1. 血清蛋白的盐析

（1）取1ml未知血清加入离心管，逐滴滴加饱和硫酸铵1ml，边加边混匀（观察现象）。

（2）室温静置5min后，3000r/min，离心7min，将上清液小心移入样品收集管内。

（3）盐析上清液的稀释（1：30）：取适量盐析上清液，用0.9%NaCl溶液稀释30倍，备用（按实际用量：每人3ml准备）。

2. 血清蛋白含量测定

（1）稀释血清（1：60）。取适量未知血清，用0.9%NaCl溶液稀释60倍，备用（按实际用量：每人3ml准备）。

（2）取大试管9支，编号，按表7-3操作。

表7-3 血清蛋白含量测定加样试剂及剂量 （单位：ml）

试剂	管号								
	1	2	3	4	5	6	7	8	9
标准蛋白	0	0.3	0.6	0.9	1.2	1.8	2.4	—	—
稀释血清	—	—	—	—	—	—	—	3.0	—
稀释上清液	—	—	—	—	—	—	—	—	3.0
蒸馏水	3.0	2.7	2.4	2.1	1.8	1.2	0.6	—	—
双缩脲试剂	3.0	3.0	3.0	3.0	3.0	3.0	3.0	3.0	3.0

（3）各管混匀后 37℃水浴 30min，在波长 540nm 处进行比色，以 1 号管调零，记录各管的光密度值。

3. 数据处理

（1）以蛋白质含量为横坐标，测出的光密度值为纵坐标，做出两者的关系曲线。

（2）根据未知管的光密度值，利用上述曲线计算未知血清的蛋白质浓度。

血清蛋白的浓度（g/100ml）=图示值÷0.05×100

盐析上清蛋白的浓度（g/100ml）=图示值÷0.1×100

（3）计算白蛋白与球蛋白的比值。

$$比值=\frac{盐析上清蛋白浓度}{血清蛋白浓度-盐析上清蛋白浓度}$$

【注意事项】

1. 双缩脲试剂必须储存在棕色瓶内，可长期使用，长期放置后，如有暗红色沉淀则不能用。

2. 血清样品必须新鲜，不得溶血。

3. 本实验为定量实验，各试剂取量一定要准确。

【试剂】

1. 标准蛋白溶液（2mg/ml）：0.2g 牛血清白蛋白（BSA）溶于 100ml 0.9%NaCl 溶液中。

2. 双缩脲试剂：称取 $CuSO_4 \cdot 5H_2O$ 1.5g 和酒石酸钾钠 6.0g，以少量蒸馏水溶解，再加 10% NaOH 溶液 300ml，KI 1.0g，然后加水到 1000ml，用棕色瓶避光保存。

3. 饱和硫酸铵溶液、血清。

【器材】

15 支试管/组、离心管、吸量管、可见分光光度计、血清。

【思考题】

1. 盐析使蛋白沉淀的原理及特点是什么？

2. 沉淀血清中的白蛋白和球蛋白分别用何种硫酸铵？

3. 简述双缩脲法测定蛋白质含量的原理。

（殷冬梅）

实验 3　Folin-酚试剂法测定蛋白质含量（Lowry 基本法）

【目的与要求】

掌握 Folin-酚试剂（Folin-phenol reagent）法测定蛋白质含量的原理和方法。

【实验原理】

Folin-酚试剂的显色原理主要是：蛋白质与碱性铜溶液产生双缩脲反应（凡含有两个以上肽键的物质或双缩脲试剂在碱性溶液中与硫酸铜作用，生成紫红色络合物）而肽链展开，使蛋白质中含酚基的酪氨酸、色氨酸残基充分暴露，易与酚试剂中的磷钼酸-磷钨酸反应，使其中的 Mo^{6+} 及 W^{6+} 还原生成钼蓝及钨蓝的混合物而呈蓝色。在一定范围内，蓝色深浅与蛋白质含量成正比。然后与同样处理的蛋白质标准液比色，即可求出未知蛋白质样品的含量。其过程包括以下两步反应。

1. 蛋白质在碱性铜试剂中发生烯醇化反应，进而形成蛋白质–铜络合物，从而使电子转移到混合酸中，大大地增加了酚试剂对蛋白质的敏感性。

$$-\overset{H}{\underset{|}{N}}-\overset{O}{\overset{\|}{C}}- \xrightarrow{\text{烯醇化反应}H^+} [-N=\overset{O}{\overset{|}{C}} \rightleftharpoons -N-\overset{O}{\overset{\|}{C}}-]$$

N 原子和 O 原子皆可与 Cu^{2+}络合（络合后，易于肽释放 e，使酚试剂还原）。

2. 酚试剂（磷钼酸–磷钨酸混合液）受蛋白质中半胱氨酸、酪氨酸、色氨酸和组氨酸等作用，使钨酸、钼酸还原成含有多种还原型的混合酸，并且呈特殊的蓝色。利用蓝色深浅与蛋白质浓度的关系，可制作标准曲线，测定样品中的蛋白质含量。

Lowry 法除使蛋白质中酪氨酸、色氨酸和半胱氨酸显色外，还使双缩脲法中肽键的显色效果更强烈，灵敏度约是双缩脲法的 100 倍。由于肽键显色效果增强，也减少了因蛋白质种类不同引起的偏差。本法可测定的蛋白质含量范围为 25～250μg/ml。

【操作步骤】

1. 标准曲线制作及未知样品测定。取大试管 7 支，编号。按表 7-4 操作，加入牛血清白蛋白（BSA）标准溶液（0.2mg/ml），用 0.9% NaCl 溶液补足各管容量达 1ml。

表 7-4　酚试剂法标准蛋白曲线制作及未知样品测定　　（单位：ml）

试剂	管号						
	1	2	3	4	5	6	7
0.2mg/ml BSA	—	0.2	0.4	0.6	0.8	1.0	—
待测样品溶液	—	—	—	—	—	—	1.0
0.9% NaCl 溶液	1.0	0.8	0.6	0.4	0.2	—	—
试剂甲	2.5	2.5	2.5	2.5	2.5	2.5	2.5
混匀，室温下放置 10min							
试剂乙	0.25	0.25	0.25	0.25	0.25	0.25	0.25
在 56℃水浴箱保温 10min，自来水冷却							

混匀各管，室温放置 10min 后，加入酚试剂（试剂乙）0.25ml，立即混匀，在 56℃水浴箱保温 10min，自来水冷却。以第一管为空白管，在 500nm 波长处比色，分别读取各管光密度值。

2. 以 2～6 管标准溶液浓度为横坐标，各管的光密度为纵坐标作图，绘制标准曲线。

标准曲线必须过零点，成一条直线。若某一点明显偏离，应舍去。画好后，注明所有仪器的型号及编号，所用波长、测定方法、名称及制作日期。

【结果分析】

根据光密度读数查得标准曲线，计算待测样品的蛋白质含量。进一步可根据检测溶液的稀释倍数及实际所要求的蛋白质浓度换算。本实验要求蛋白质含量浓度以 g/L 为单位（注意换算）。

【应用意义】

Folin-酚试剂法测定蛋白质含量弥补了双缩脲法灵敏度差、测量范围窄等缺点，因而被广泛采用，特别是用于测定微量蛋白，准确性比其他方法相对高一点。

【注意事项】

1. 各管加酚试剂后迅速摇匀，不应出现混浊。

A. 加试剂甲后，充分混匀。

B. 加入试剂乙后要立即摇匀，加一管混匀一管。

Folin-酚试剂仅在酸性 pH 条件下稳定，但上述还原反应只在 pH=10 的情况下发生，故当 Folin-酚试剂加到碱性的铜-蛋白质溶液中时，必须立即混匀，以便在磷钼酸-磷钨酸试剂被破坏之前，还原反应即能发生。

2. 选择一定的蛋白质样品稀释浓度，以保证测定结果在标准曲线范围内。

【试剂】

1. 试剂甲

A 液：10g Na_2CO_3、2g NaOH 和 0.25g 酒石酸钾钠溶于 500ml 蒸馏水；

B 液：0.5g $CuSO_4 \cdot 5H_2O$ 溶于 100ml 蒸馏水。

临用前取 A 液：B 液=50：1 混匀，即为试剂甲（临用前配制，有效期 1 天）。

2. 试剂乙：取 $Na_2WO_4 \cdot 2H_2O$ 100g、$Na_2MoO_4 \cdot 2H_2O$ 25g 溶于 700ml 蒸馏水中，并加入 8.67mol/L H_3PO_4溶液（85%）50ml、浓 HCl 100ml，混合在 1.5L 容积的磨口回流瓶中，接上回流冷凝管于小火回流 10h。冷却后加入 $Li_2SO_4 \cdot H_2O$ 50g、蒸馏水 50ml 及溴水数滴，开口继续沸腾 15min，以除去多余的溴（溴气剧毒，应在通风橱内进行），使溶液由绿色变为黄色（倘若仍呈绿色，再滴加数滴溴液，继续沸腾 15min）。冷却后稀释至 1L，过滤，滤液置于棕色试剂瓶中保存。临用前用 1mol/L NaOH 溶液滴定，以酚酞为指示剂，据此浓度将酚试剂用蒸馏水稀释至最终酸浓度为 1mol/L（约加水 1 倍）。

3. 标准蛋白溶液：精密称取结晶牛血清白蛋白，溶于 0.9% NaCl 溶液中，使蛋白质含量为 200μg/ml。

4. 0.9% NaCl 溶液。

【器材】

移液器、试管及试管架、恒温水浴箱、722 型分光光度计。

【思考题】

1. Folin-酚试剂法测定蛋白质含量的原理及范围。

2. 标准曲线如何绘制？应该注意哪些方面？如何通过标准曲线得出待测溶液的浓度？

（翟旭光）

第八章　层　析　法

概　　述

层析技术（色层法）是现代生物化学最常用的分离技术之一。层析法一般使用两相，一相是流动相（液体或气体），一相是固定相（固体或液体），固定相一般固定在某种特殊的支持物（有的称为担体）上。当流动相流经固定相时，混合物中各组分因为理化性质的差异（如吸附力、分子大小和形状、分子极性、分子亲和力、分配系数的不同），在经过两相时不断地进行交换、分配、吸附和解吸附等过程，各组分间的微小差异经过重复过程的累积而被放大，最终达到分离的目的。配合相应的光学、电学和电化学检测手段，层析法可用于定性、定量和纯化特定的物质，并能达到很高的纯度。层析法的特点是分离效率、灵敏度和选择性均非常高，尤其适合样品含量少而杂质含量多的复杂生物样品分析。

一、层析的分类

（一）按照层析的原理分类

1. 吸附层析（adsorption chromatography）　固定相为固体吸附剂，利用各种组分在吸附剂表面吸附能力的差别而进行分离。

2. 分配层析（partition chromatography）　固定相为液体，利用各组分在两液相中分配系数的差别或溶解度不同而使物质分离。

3. 离子交换层析（ion exchange chromatography）　固定相为离子交换剂，利用各组分对离子交换剂亲和力的不同而进行分离。

4. 分子筛层析（gel chromatography）　固定相为多孔凝胶，利用各组分在凝胶上受到阻滞的程度不同而进行分离。

5. 亲和层析（affinity chromatography）　根据生物特异性吸附进行分离，固定相只能和一种待分离组分有高度特异性亲和能力者结合，而与无结合能力的其他组分分离。

（二）按照不同操作方式分类

1. 纸层析（paper chromatography）　以滤纸作为液体的载体，点样后，用流动相展开，以达到组分分离的目的。

2. 薄层层析（thin layer chromatography）　是以一定颗粒度的不溶性物质，均匀涂铺在板上形成薄层作为固定相，点样后，用流动相展开，使组分得以分离。

3. 柱层析（column chromatography）　是将固定相装填在柱中，样品上样在柱子一端，流动相沿柱流过，使样品得以分离。

二、层析中的常用术语

（一）保留值

保留值（retention value）表示样品中各组分在层析柱中停留时间长短或组分流出时所需流动相体积的多少。它用来描述层析峰在层析图上的位置。

（二）层析峰区域宽度

表示层析峰区域的宽度（peak width）有三种方法（图 8-1）。

（1）标准差：因分离过程中流出物为正态分布，曲线两侧拐点之间的距离为 2 个标准差 σ。拐点位于流出峰高 0.607 倍处，所以 σ 值为峰高 0.607 倍处层析峰宽度的一半。σ 值大，说明层析峰宽度大，流出组分分散，是柱效不高的表现。反之，σ 值小，表示层析峰窄，柱效高。

（2）半峰宽（$W_{1/2}$）：$W_{1/2}=2.345\sigma$。

（3）峰宽（W）：指通过层析峰两拐点作切线交于基线上的截距，$W=4\sigma$。

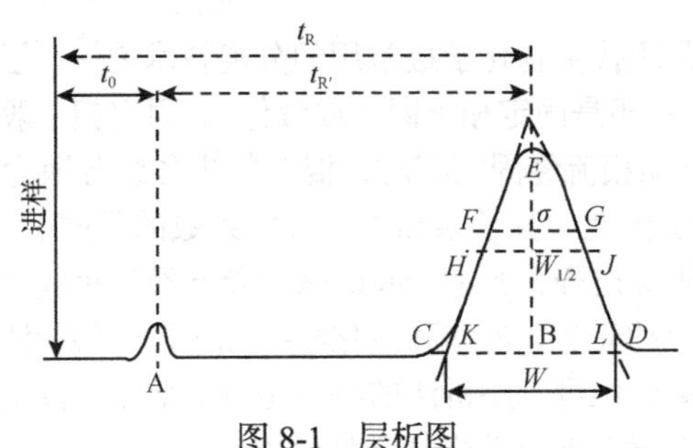

图 8-1　层析图

A 峰为不被滞留的组分，B 峰为样品峰。二者流出时间的差值为保留值。W 为峰宽。

（三）分离度

分离度（R_s）指相邻两峰的保留差值是两峰平均宽度的倍数。

$$R_s = \frac{t_{R_2} - t_{R_1}}{\frac{1}{2}(W_1 + W_2)}$$

分离度越大，说明分离效果越好。在实际分离过程中，各组分含量不同，因而峰面积和峰宽在绝大多数情况下是不一致的，故一般用垂直线法来计算。具体是连接两峰顶，再从两峰间的峰谷向基线作一垂线，此线与峰顶连线相交。交点到峰谷的距离为 f，到基线的距离为 g（图 8-2）。

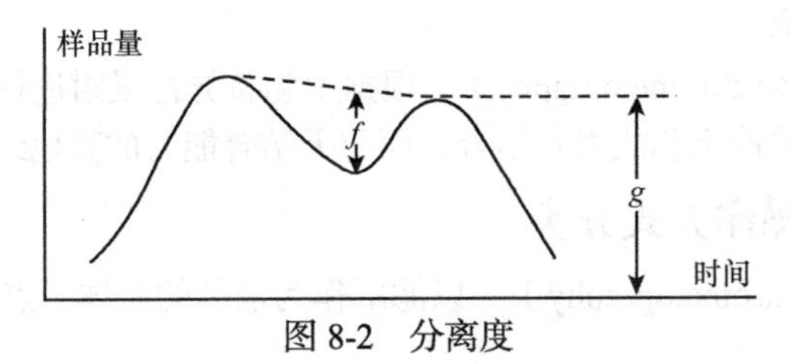

图 8-2　分离度

若 R_s=1，则组分完全分离；若 R_s<1，则组分部分分离；若 R_s 值很小，则组分未能分离或分离效果极差。

$$R_s = \frac{f}{g}$$

（四）分配系数

在层析分离过程中，物质既能进入固定相，又能进入流动相，此过程称为分配。无论哪一种层析方法，在一定条件下，物质在固定相和流动相分配达到平衡时，两相中平均浓度的比值称为分配系数（K）。

$$K = \frac{\text{溶质在固定相中的浓度}(C_s)}{\text{溶质在流动相中的浓度}(C_m)}$$

分配系数是由溶质的性质（如分子大小、电荷、极性等）决定的。不同的层析原理，其 K

值含义不同。吸附层析中，K值表示吸附平衡常数；分配层析中，K值表示分配系数；离子交换层析中，K值表示交换常数；亲和层析中，K值表示亲和常数。K值高表示溶质在固定相中的浓度大，在洗脱过程中，溶质在洗脱液中出现较晚。K值低表示溶质在流动相中的浓度大，在洗脱液中出现较早。

若两组分在同一条件下具有相似的K值，则表示两组分层析法重叠较大，分离效果较差。为达到分离的目的，需重新选择实验条件，包括层析方式和流动相的改变。

（五）柱效

所有层析都是一个连续的过程，各组分在流动相和固定相之间不断进行分配，但无法具体计算某一点上的平衡情况。现以柱层析为例说明：某一组分随流动相经过一定距离后，流动相中某组分的平均浓度与固定相中的平均浓度达到分配平衡，完成这一平衡所需要的层析柱的柱长称为板高或理论塔板等效高度，以H表示。一定柱长（L）中含有多少板高称为理论塔板数（n），即

$$n=\frac{L}{H}$$

式中，n为理论塔板数，L为柱长，H为板高。

显然，H越小，n就越大，表明组分在两相间分配次数也越多，分离效果越好，柱效也越高。因而习惯上以塔板数的多少来衡量柱效的高低。塔板数的理论推导和计算较为复杂，有专门的书籍介绍，在此略过。最终以数学公式可以表示为

$$n=\left(\frac{\Delta t_R}{\sigma}\right)^2 \text{或} n=16\left(\frac{\Delta t_R}{W}\right)^2$$

式中，Δt_R为保留值，σ为标准差，W为峰宽。

实际计算理论塔板数时，只要在层析图谱上测出某组分保留值和在一定指数下相应的峰宽，就可计算出在某一实验条件下的理论塔板数的近似值，以衡量柱效。若要得到真正的塔板数，必须扣除未被固定相所占有的空间死体积（如柱的接口、连接柱接口的管路体积等）和流动相为充满死体积时所需的时间，此时得到的塔板数称为有效塔板数（n_{eff}）。故上述公式可转化为

$$n=5.54\left(\frac{t_R}{\frac{1}{2}W}\right)^2$$

三、纸 层 析

用滤纸作为支持物的层析法称为纸层析。纸层析结果的优劣与选用展开剂的种类、实验中点样量的多少以及点样是否扩散、实验条件是否稳定、所选用滤纸质量的好坏等各种因素密切相关。对层析用滤纸的要求是质地均匀、厚薄均一、机械强度好、平整无折叠痕、无明显横向和纵向纸纹等。纸层析常用的滤纸有 Whatman 和国产的新华层析滤纸等，根据层析的速度和滤纸的厚度可分为若干型号，如表 8-1 所示。

表 8-1 新华层析滤纸的规格和性能

型号	厚度（mm）	性能	备注
1	0.17	快速	
2	0.16	中速	快速滤纸因纸质疏松，斑点易扩散，适合于R_f值相差较大的样品和黏度较大的展开剂
3	0.15	慢速	
4	0.34	快速	慢速滤纸斑点不易扩散，适合于黏度较小的展开剂和R_f值相差较小的样品，但所需时间较长
5	0.32	中速	新华 2 号和 5 号滤纸相当于 Whatman Ⅰ型和Ⅲ型滤纸
6	0.30	慢速	

由于纸层析是以滤纸作为惰性支持物，滤纸纤维与水有较强的亲和力，能吸收20%～22%的水，其中部分水与纤维素分子的羟基以氢键结合，而滤纸纤维与有机溶剂的亲和力很小，所以滤纸的结合水是固定相，以水饱和的有机溶剂为流动相，即展开剂。当流动相沿滤纸经过样品点时，样品点上的溶质在水和有机相之间不断进行分配，各种组分因具有不同的分配系数而产生差异，从而使不同的组分得以分离和纯化。溶质在纸上的移动速度可以用迁移率R_f值表示：

$$R_f = \frac{\text{样品原点到斑点中心的距离}}{\text{样品原点到溶剂前沿的距离}}$$

R_f值主要取决于分配系数。一般分配系数大的组分，因移动速度较慢，所以R_f值也较小。而分配系数较小的组分，则R_f值较大。可以根据测出的R_f值对层析分离出的各种物质进行判断。与标准品在同一标准条件下测得的R_f值进行比较，即可确定某一特定组分。

影响R_f值的因素很多，除了被分离组分的化学结构、样品和溶剂的pH、层析的温度等，流动相的极性也是一个重要因素。流动相极性大，则极性大的物质有较大的R_f值，极性小的物质R_f值小，反之亦然。常用流动相的极性大小依次排列如下：

水＞甲醇＞乙醇＞丙酮＞正丁醇＞乙酸乙酯＞氯仿＞乙醚＞甲苯＞苯＞四氯化碳＞环己烷＞石油醚

层析时，流动相不应吸取滤纸中的水分，否则就会改变分配平衡，影响R_f值，所以多采用水饱和的有机溶剂作为流动相，如表8-2所示。被分离的物质不同，选择的流动相也不同。

表8-2　纸层析常用的溶剂系统

被分离物质	常用的溶剂系统（*V*/*V*）
α-氨基酸	酚：水（7：3），正丁醇：乙酸：水（4：1：2），水饱和的二甲基吡啶或正丁醇或可立啶
单糖	水饱和酚（加入1%的NH_3和少量HCl）
糖醛酸和水溶性维生素	正丁醇：乙酸：水（4：1：5）
性激素	甲苯：石油醚：乙醇：水（200：100：30：70）

纸层析既可定性又可定量。定量方法一般采用剪洗法和直接比色法。剪洗法是将组分在滤纸上显色后，剪下斑点，用适当的溶剂洗脱，用分光光度计进行定量测定。直接比色法是用层析扫描仪在滤纸上测定斑点的大小和颜色的深度，绘制出曲线并进行自动积分，再计算出含量。

为了提高分辨率，纸层析可用两种不同的展开剂进行双向展开。双向纸层析一般把滤纸裁成正方形或长方形，在一角点样。先用一种溶剂系统展开，吹干后旋转90°，再用第二种溶剂系统进行第二次展开。这样，单向纸层析难以分离清楚的某些R_f值很接近的物质，通过双向纸层析往往可以获得比较理想的分离效果。

四、薄层层析

薄层层析是利用玻璃板、塑料板、铝板、聚酰胺膜等作为固定相的载体，在板上涂上一薄层不溶性物质作为固定相，再将样品涂布在薄层的一端，然后用合适的溶剂作为流动相。薄层层析因固定相涂布物质的不同，可分成吸附薄层层析、离子交换薄层层析和分配薄层层析三种。通常说的薄层层析就是指吸附薄层层析。有关薄层层析的基本原理和R_f值计算与纸层析基本相似。在此对薄层层析的注意事项加以说明。

（一）吸附剂的选择

吸附剂的选择是否合适是薄层层析的关键。常用的吸附剂有硅胶、氧化镁、氧化铝、硅藻土、纤维素等。硅胶为微酸性吸附剂，适合分离酸性和中性物质。氧化铝和氧化镁是微碱性吸附剂，适合分离碱性和中性物质。硅藻土和纤维素为中性吸附剂，适合分离中性物质。

（二）吸附能力

一般用活度来表示吸附剂的吸附能力。吸附能力主要受吸附剂含水量的影响。吸附能力由强到弱以Ⅰ、Ⅱ、Ⅲ、Ⅳ、Ⅴ表示。吸附剂活度强时，能吸附极性较小的基团。吸附剂活度弱时，对极性基团的吸附能力也较弱。一般利用加热烘干的办法，减少吸附剂的水分，从而增强其活度。通常分离水溶性物质时，因其本身具有较强的极性，故吸附剂活度可以弱一些。相反，分离脂溶性物质时，吸附剂的活度需要强一些。

（三）颗粒大小

无论哪一种薄层层析，其吸附剂颗粒的大小和均匀性，是保证每次实验保持R_f值恒定的基础。一般使用的吸附剂颗粒为无机类0.07～0.1mm（150～200目），有机类0.1～0.2mm（70～140目）。颗粒太粗，层析时溶剂推进快，但分离效果差。而颗粒太细，层析时展开太慢，容易造成斑点不集中并有拖尾现象。

薄层层析的优点是设备简单、操作容易、层析展开时间短、分离效果好、可使用腐蚀性的显色剂并且可以在高温下显色。

纸层析和薄层层析均可用于氨基酸、肽、核苷酸、糖类、脂类和激素类等物质的分离和鉴定。

五、离子交换层析

离子交换层析是利用离子交换剂对各种离子的不同亲和力来分离混合物中不同离子的层析技术。作为固定相的离子交换剂，根据其不溶性物质（母体）的化学本质可以分为以下几类：

第一类是在纤维素分子结构上，连接一定的离子交换基团生成的离子交换纤维素。如DEAE-纤维素（二乙基氨乙基纤维素）、羧甲基纤维素（CM）、TEAE-纤维素（三乙基氨乙基纤维素）、GE-纤维素（胍乙基纤维素）等。

第二类是以不溶性的人工合成高分子为母体的离子交换树脂。如华东强酸阳#42、强酸732、Amberlite IR-100、Dowex 50、Amberlite IRC-50、神胶800等。

第三类是以葡聚糖凝胶为母体，结合一定的离子基团生成的离子交换葡聚糖凝胶。如DEAE-Sephadex A25、DEAE-Sephadex A50、CM-Sephadex C25、SP-Sephadex C25、QAE-Sephade A25x、QAE-Sephadex A50等。

以上各类离子交换剂，根据其所含酸性或碱性基团的解离能力的强弱，还可进一步分为强酸型和弱酸型，以及强碱型和弱碱型。

离子交换剂的工作原理如下：

阳离子交换剂分子中具有酸性基团，能和流动相中的阳离子进行交换。

$$R—SO_3H+Na^+ = R—SO_3Na+H^+$$

阴离子交换剂分子中具有碱性基团，能和流动相中的阴离子进行交换。

$$R—N^+(CH_3)_3OH^-+Cl^- = R—N^+(CH_3)_3Cl^-+OH^-$$

流动相中，不同离子化合物带有的电荷多寡不等，与离子交换剂相互作用的强弱也不同。当它们被结合到固定相交换基团上后，可以用提高流动相中离子强度或改变pH的方法，使不同组分从离子交换柱上依次洗脱下来，达到分离纯化的目的。在实际工作中，可根据分离物所带电荷的种类，分离物分子的大小、数量等选用适当类型的离子交换剂。

常用离子交换剂的种类及解离基团如表8-3所示。

表 8-3 常用离子交换剂的种类及解离基团

种类		解离基团
阳离子交换树脂	强酸型	磺酸基
	弱酸型	羧基、酚羟基
阴离子交换树脂	强碱型	季铵盐
	弱碱型	叔胺、仲胺、伯胺
阳离子交换纤维素	强酸型（磺乙基纤维素）	磺乙基
	弱酸型（羧甲基纤维素）	羧甲基
阴离子交换纤维素	强碱型（胍乙基纤维素）	胍乙基
	弱碱型（二乙基氨基乙基纤维素）	二乙基氨基乙基
阳离子交换交联葡聚糖	强酸型（磺乙基交联葡聚糖）	磺乙基
	弱酸型（羧甲基交联葡聚糖）	羧甲基
阴离子交换交联葡聚糖	强碱型（胍乙基交联葡聚糖）	胍乙基
	弱碱型（二乙基氨基乙基交联葡聚糖）	二乙基氨基乙基

离子交换层析时应注意以下几点：

（1）选择合适的离子交换树脂：被分离的物质为无机阳离子或有机碱时，选用阳离子交换树脂。若是无机阴离子或有机酸时，选用阴离子交换树脂。

（2）交换树脂颗粒大小：离子交换树脂多为 200～400 目，离子交换纤维素为 100～325 目。分离用的树脂一般以直径较小为宜，因粒度小、表面积大，分离效率高。但粒度过小，装柱时太紧密、流速慢，则需提高洗脱压力。

（3）交换剂的处理：离子交换树脂出厂时为干树脂，使用时需用水或溶液浸透使其充分吸水溶胀，然后减压去气泡。倾去漂浮在溶液中的小颗粒树脂，再用去离子水洗至澄清。使用前用所需 pH 和离子强度的缓冲液平衡。使用后的离子交换树脂可以再生，其方法为将使用后的树脂浸泡入稀酸或稀碱溶液中，处理一定时间后用蒸馏水洗至中性，或用稀酸、稀碱溶液缓缓流过交换柱，然后再洗至中性。离子交换纤维素使用后用 2mol/L NaOH 溶液洗涤，然后用水洗净碱液，再用缓冲液平衡，以供下次实验使用。

（4）装柱：一般层析柱选择的原则是柱的高度与直径之比以 10∶1～20∶1 为宜。一般采用重力沉降法装柱，其关键是交换剂在柱内必须分布均匀，严防脱节和产生气泡。柱中交换剂表面必须平整。

（5）洗脱：一般使用的洗脱液应该具有比吸附物质更活泼的离子或基团，从而将吸附物质替代出来，根据此原则选择合适的洗脱液。若分离的不是单一物质，除正确选择洗脱液外，还可采用控制流速和分段收集的方法获得尽可能单一的物质。对一些复杂组分的分离，可采用浓度梯度洗脱或 pH 梯度洗脱。

六、凝胶层析

凝胶是一类具有三维空间多孔网状结构的干燥颗粒，当吸收一定量的溶液后溶胀成一种柔软、富有弹性、不带电荷、不与溶质相互作用的惰性物质。以凝胶作为固定相的层析称为凝胶层析。层析所用的凝胶大多为人工合成，目前应用最多的是葡聚糖凝胶（Sephadex），它是一种以次环氧氯丙烷作交联剂交联聚合而成的右旋糖苷珠形聚合物（图 8-3）。聚合物具有多糖网状结构，其网孔大小与交联度有关。交联度越大，网状结构越致密，网孔的孔径越小。交联度越小，网状结构越疏松，网孔的孔径越大。

由于被分离物质的分子大小和形状不同，洗脱时大分子物质由于直径大于凝胶网孔，不能进入凝胶内部，只能沿着凝胶颗粒的间隙随溶剂向下流动，因此流程短，首先流出层析柱。而小分子物质由于直径小于凝胶网孔，能自由进出凝胶网孔，使洗脱时流程增长，移动速度慢，最后流出层析柱。可见，凝胶层析中的凝胶起着分子筛的作用，因而凝胶层析又称为分子筛层析或排阻层析。

葡聚糖凝胶不溶于水，但能吸水膨胀，其吸水量与交联度成反比，在 Sephadex 后面缀上 G-X 作为交联度的标记。交联度越小，吸水量越大，X 值越大。实际上 X 值约为该胶粒吸水量的 10 倍。例如：Sephadex G-50 和 Sephadex G-100，其吸水量分别为 5ml/g 凝胶与 10ml/g 凝胶。此外，交联度大，机械强度大，能容忍较高压力，可采用高流速。而交联度小的凝胶，如 Sephadex G-150、Sephadex G-200，则机械强度小，易被压缩，使用时流速需较慢，一般每分钟流速不大于 2.0ml。

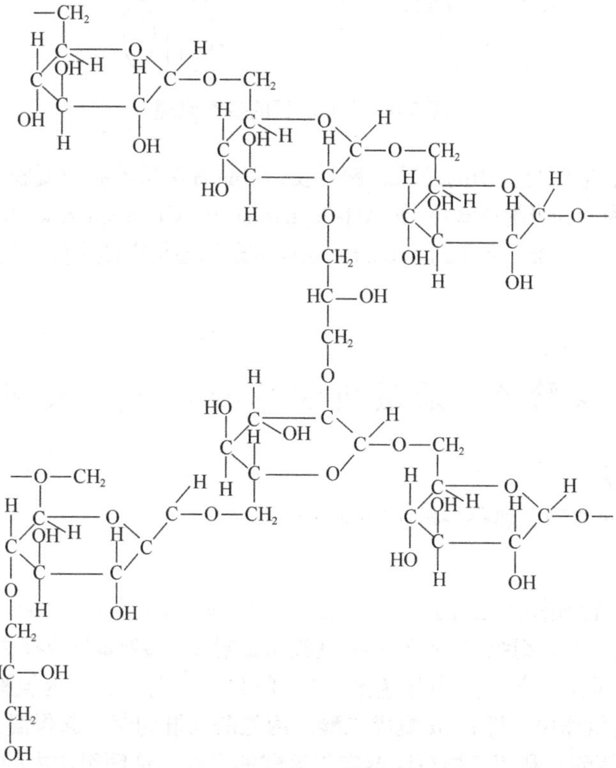

图 8-3 交联葡聚糖的化学结构

此外，尚有以 *N*，*N*′-亚甲基双丙烯酰胺为交联剂将丙烯酰胺聚合而成的聚丙烯酰胺凝胶，其商品名为生物胶 P（Bio-Gel P）；由 *D*-乳糖和 3，6 无水-*L*-乳糖残基组成的琼脂糖凝胶，市售有 Bio-Gel A 和 Sepharose；交联琼脂糖凝胶，如 Sepharose CL-2B、Sepharose CL-4B 等。各种凝胶由于交联剂的种类和比例不同，同一类凝胶可分成若干种类，分离大分子物质的性能也不一样，使用时必须根据被分离物质分子的大小、形状和分离目的选择不同类型的凝胶。

七、亲和层析

亲和层析是以能与生物高分子进行特异性结合的配基作为固定相，对混合物中某一生物高分子进行一次性分离纯化的层析技术。

生物高分子具有能与其结构对应的专一分子进行可逆性结合的特性，如酶与底物、产物、辅酶、抑制剂和变构调节剂结合，激素与受体结合，抗原和所对应抗体结合，RNA 与互补的 DNA 结合等。将作为配基的专一分子，如酶的底物、辅酶、抗原的互补抗体等，以共价键连接到不溶性载体上，如纤维素、葡聚糖凝胶等。将固相化的配基装入层析柱作为层析的固定相，把含有一种或数种生物高分子的混合液加到柱上。此时只有能够与不溶性配基具有高度亲和力的蛋白质被结合，其他不能与配基结合的组分则不受阻碍地直接从柱中流出。再用缓冲液洗脱黏附在配基表面的非特异性吸附物；改变洗脱液，将特异性吸附的蛋白质从不溶性配基上解离和洗脱下来。其基本原理如图 8-4 所示。

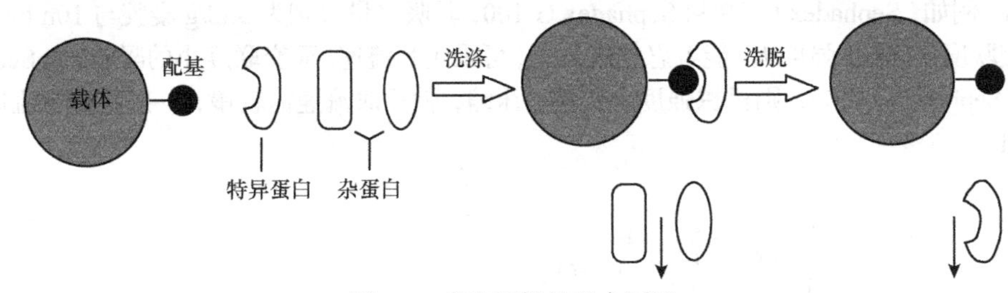

图 8-4 亲和层析的基本原理

作为配基载体，最广泛应用的是琼脂糖凝胶，制品有珠状琼脂糖凝胶 Sepharose 2B、4B 和 6B 等，活化后可作为亲和吸附的载体，如 AH-Sepharose 4B、CH-Sepharose 和活化的 CH-Sepharose 4B 等。其中溴化氰（CNBr）活化的 Sepharose 4B 是亲和层析中使用最广泛的载体。

（殷冬梅）

实验 4 纸层析法分析转氨基反应

【目的与要求】

掌握转氨基反应原理；熟悉层析法原理与方法。

【实验原理】

转氨基反应是由转氨酶所催化的反应，它催化 α-氨基酸和 α-酮酸之间氨基与酮基的互换。转氨酶广泛分布于机体各器官、组织中。每种 α-氨基酸和 α-酮酸的转氨基反应都由专一的转氨酶催化。

本实验用纸层析法以茚三酮为显色剂，来观察 α-酮戊二酸与丙氨酸在肝脏谷丙转氨酶（GPT）催化下的转氨作用，即将 α-酮戊二酸、丙氨酸与肝匀浆一起保温，在肝细胞的谷丙转氨酶催化下产生谷氨酸。利用纸层析法鉴定谷氨酸的存在，证明组织内的转氨基反应。

【操作步骤】

1. 肝匀浆的制备 取健康小白鼠 1 只，拉颈处死后剖腹取出肝脏，在生理盐水中漂去血水，用滤纸吸干，称取 1g 肝组织置玻璃匀浆器中，加入预冷的 0.01mol/L（pH 7.4）的磷酸盐缓冲液（PBS）4. 5ml，将组织磨成匀浆。

2. 转氨基反应 取小试管 2 支，按表 8-4 操作。

表 8-4 谷丙转氨酶催化转氨基反应 （单位：ml）

试剂	管号	
	测定管	对照管
肝匀浆	0.5	0.5
孵育	45℃保温 5min	煮沸 2min，冷却
0.1mol/L 丙氨酸溶液	0.5	0.5
0.1mol/L α-酮戊二酸溶液	0.5	0.5
0.01mol/L pH 7.4 磷酸盐缓冲液	0.5	0.5

将两管置45℃水浴30min，各取1ml分别转入微量离心管（编号）中，2000r/min离心3～5min。

3. 层析鉴定

（1）画线：取直径11cm的圆形滤纸1张，用铅笔过圆心画两条长度为2cm的相互垂直的线（使各直线与纸纹无明显差异），以每条线的端点作为点样处，并分别在各点对应的滤纸边缘标上“测”“谷”“对”“丙”字样，如图8-5所示。

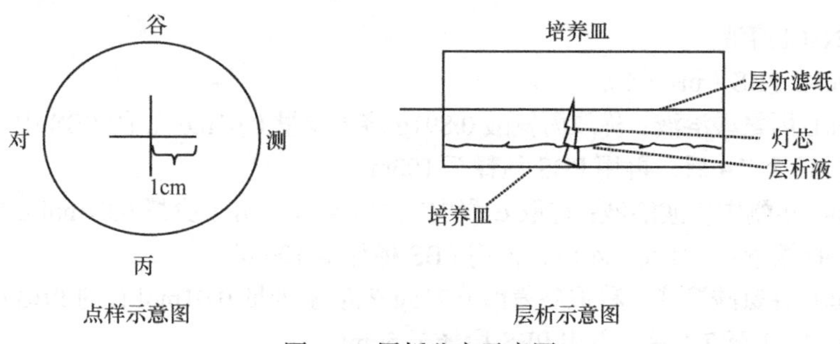

图8-5 层析鉴定示意图

（2）点样：取四根毛细玻璃管，分别吸取测定液、谷氨酸（0.1mol/L）、对照液、丙氨酸（0.1mol/L）四种样品液，在滤纸上四个点样处（距圆心 1cm）点样，使点样点的直径不超过5mm，待干后重复点样，每处点样3～5次（谷氨酸、丙氨酸样品液各点2次即可）。

（3）做灯芯（捻子）：用尖头镊子在滤纸圆心戳一小孔（直径约1mm），另取宽1cm的滤纸（下一半剪成须状，约0.5cm×2.5cm）卷成圆筒捻紧如灯芯，从滤纸背面插入小孔（突出滤纸面约1mm）。

（4）展开：加约2.5ml展开剂置直径为10cm的培养皿中，将滤纸平放在培养皿上，使灯芯浸入展开剂中；另取一同样大小的培养皿反向盖上，如图8-5所示，展开剂将沿灯芯上升到滤纸，并向四周扩散，待展开剂前沿距滤纸边缘约1cm时即可取出（展开时间为45～60min）。用铅笔画出展开剂前沿后，用电吹风烘干。

（5）显色：将滤纸平放于培养皿上，用喷雾器喷0.5%茚三酮丙酮溶液，再用电吹风烘干，滤纸上即出现紫色弧形色斑。

（6）描廓：用铅笔描出各色斑轮廓。

【结果分析】

R_f值计算公式：

$$R_f\text{值}=\frac{\text{点样原点到层析斑点中心的距离(cm)}}{\text{点样原点到展开剂前沿的距离(cm)}}$$

将实验测得的数据及R_f值计算结果填写于表8-5。

表8-5 转氨基反应结果

	谷	丙	对	测1	测2
点样处至色斑中心距离（cm）					
点样处至展开剂前沿距离（cm）					
R_f值					

将“测”“对”、各色斑的R_f值与已知氨基酸的R_f值进行对比，确定它们各是什么氨基酸。据此解释转氨基反应。

【注意事项】

1. 操作前要将手洗净擦干，并尽量避免手与滤纸面接触。

2. 点样用的滤纸切勿折叠，各点样点与滤纸纹路无明显差异。

3. 点样后的毛细玻璃管应及时插入原试管中或及时弃去，以免混用而相互污染，导致结果混乱。

【试剂】

1. 0.9% NaCl 溶液。

2. 0.01mol/L PBS（pH 7.4）。

3. 0.1mol/L 丙氨酸溶液：称取丙氨酸 0.891g 溶于少量 0.01mol/L 的 PBS 中，以 1mol/L 的 NaOH 溶液调 pH 至 7.4 后，再用 PBS 稀释至 100ml。

4. 0.1mol/L α-酮戊二酸溶液：称取 α-酮戊二酸 1.461g，溶于少量 0.01mol/L 的 PBS 中，以 1mol/L 的 NaOH 溶液调 pH 至 7.4 后，再用 PBS 稀释至 100ml。

5. 0.1mol/L 谷氨酸溶液：称取谷氨酸 0.735g 先溶于少量 0.01mol/L 的 PBS 中，以 1mol/L 的 NaOH 溶液调 pH 至 7.4 后，再用 PBS 稀释至 50ml。

6. 展开剂：95%乙醇：氨水：水=27：1.5：1.5（*V*/*V*）。

7. 0.5%茚三酮乙醇溶液：称取茚三酮 1.0g，加入丙酮 200ml。

【器材】

剪刀、镊子、玻璃匀浆器（或研钵）、微量离心管、培养皿、圆形滤纸、尺子、铅笔、毛细玻璃管、电吹风、喉头喷雾器、恒温水浴箱、离心机、电磁炉。

【思考题】

1. 转氨基反应后测定管经纸层析为何可见两色斑？比较色斑的位置，并分析实验结果。

2. 纸层析属于分配层析还是吸附层析？试分析迁移率 R_f 与分配系数 K 的关系。

（周 艳）

实验 5 离子交换柱层析法分离血清蛋白

【目的与要求】

掌握离子交换柱层析法分离血清蛋白的原理和方法，了解层析柱的装柱、洗脱、平衡的方法。

【实验原理】

离子交换柱层析法利用离子交换剂（固定相）对各种离子的亲和力不同来分离样品中的各种组分。将离子交换剂装于玻璃柱中，从上部加样，再通过流动相洗脱的方法称为离子交换柱层析法。

在离子交换剂上发生的离子交换是完全可逆的。平衡点取决于 A^- 和 B^- 对 R^+ 的离子亲和力的大小。带负电荷多的与 R^+ 亲和力大，平衡时与 R^+ 结合的复合物便多，重新取代下来就难。而且，平衡的移动方向服从质量作用定律。如果增大反应物 B^- 的浓度，平衡将向生成 A^-（向右）的方向进行。

本实验采用的离子交换剂是一种弱碱性阴离子交换纤维素，它是在一种高分子的不溶性母体（纤维素）上共价连接上若干基团——二乙基氨乙基（DEAE）以后，生成一种带弱碱性的、能发生阴离子交换反应的交换剂，称为 DEAE-纤维素，结构如下：

$$\text{纤维素}-O-CH_2CH_2-\overset{\overset{\large CH_2CH_3}{|}}{\underset{\underset{\large CH_2CH_3}{|}}{NH^+}}$$

使用前，分别用适当的过量酸和过量碱溶液预处理，可使离子交换剂转变为相应的酸型和碱型。

$$R^+A + HCl \longrightarrow R^+Cl + HA$$

$$R^+Cl + NaOH \longrightarrow R^+OH^- + NaCl$$

再用过量的每种缓冲液充分洗涤，可使其完全转变成所需的盐型（以上处理称为“转型”）。例如，用过量的 pH 8.0，0.01mol/L 磷酸盐缓冲液使 OH^- 完全从离子交换剂上洗脱下：

$$R^+OH^- + H_2PO_4^- \longrightarrow R^+OH^- + H_2PO_4^- + OH^-$$

此时加入样品（人血清，血清蛋白用 Pr^-表示），样品中待分离离子与交换剂交换，将达到各自的平衡：

$$R^+H_2PO_4^- + Pr^- \longrightarrow R^+Pr^- + H_2PO_4^-$$

作为呈两性解离的血清蛋白种类很多，分子量和等电点（均小于 pH 8）存在差异，因而在 pH 8.0 的条件下所带负电荷数不等，与离子交换剂（R^+）结合的离子亲和力大小就不一样。负电荷数越多，与 R^+亲和力越大，负电荷数少，亲和力也小，带正电荷的其他离子则无亲和力。这样，在柱层析中用某种盐类电解质（即流动相，本实验仍是 pH 8.0，0.01mol/L 磷酸盐缓冲液）洗脱时，带正电荷的离子首先洗脱下，带负电荷的蛋白质离子与 R^+间的离子平衡向左移动，Pr^+向下洗脱。当逐渐增加磷酸盐缓冲液离子强度时，带负电荷少、亲和力小的蛋白质离子比带负电荷多、亲和力大的更易从 R^+上解下，洗脱时向柱下移动更快，从而分离出各种人血清蛋白。

根据层析时洗脱液离子强度变化情况，可有连续浓度梯度和不连续浓度梯度交换柱层析法两种。

方法Ⅰ. 连续浓度梯度层析法

本法采用梯度混合器制备出 0.01～0. 25mol/L pH 8.0 的磷酸盐缓冲液线性浓度梯度，微量恒流泵控制洗脱速度，自动部分收集器收集层析洗脱液（实验装置见图 8-6），洗脱收集液在 752 型紫外分光光度计上 280nm 波长比色，或用 Folin-酚法检测各管中蛋白质的含量，以管号为横坐标，蛋白质含量为纵坐标，做出 DEAE-纤维素-52 连续浓度梯度柱层析法分离的人血清蛋白层析图谱。在此条件下，血清蛋白依次洗脱下来的顺序大致为 γ 球蛋白类（pI≈7.3）、α、β 球蛋白类（大多数的 pI＜6）和白蛋白（pI=4.9）。

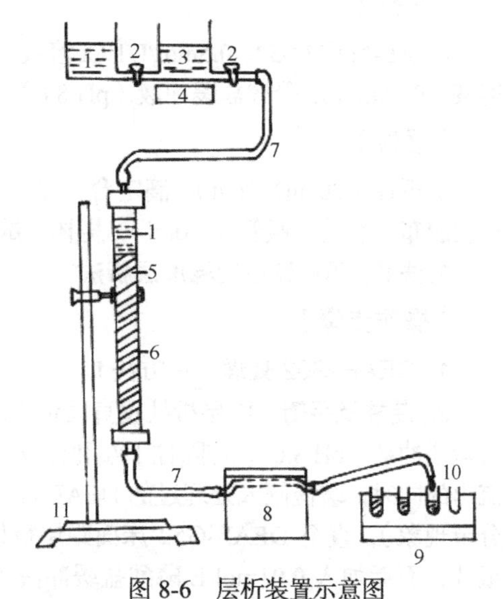

图 8-6 层析装置示意图

1. 洗脱液；2. 活塞；3. 磁棒；4. 电磁搅拌器；5. DEAE-纤维素；6. 层析柱；7. 塑料细管；8. 微量恒流泵；9. 自动部分收集器；10. 试管和收集液；11. 滴定台

【操作步骤】

1. DEAE-纤维素-52 处理 按 1g 纤维素溶胀后的湿体积约为 8ml 计算出层析柱所需 DEAE-纤维素-52 的克数，称量，倒入烧杯中，加 15 倍量（ml/g）0.5mol/L HCl 溶液，搅拌放置 30min（HCl 溶液的处理时间应控制在 1h 内），倾去上层液，加 10 倍量的蒸馏水，搅匀，待纤维素下沉后倾去上层液，如此重复洗 2～3 次，布氏漏斗抽滤，水洗至滤出液 pH≥4，加 15 倍量 0.5mol/L NaOH 溶液，搅拌放置 30min，倾去上层液，布氏漏斗抽滤，水洗至滤出液 pH≤8。

将上述处理的 DEAE-纤维素-52 加 15 倍量 0.01mol/L 磷酸盐缓冲液（pH 8.0），搅拌放置，至 DEAE-纤维素-52 沉下，然后倾去上层液，直至洗至 pH 8.0.

2. 装柱及平衡 将层析柱（20cm×1cm）下端套上塑料细管，管口引入一空烧杯内，柱中倾入 0.01mol/L 磷酸盐缓冲液（pH 8.0），排除柱下端的空气。层析柱垂直固定在滴定台上，下端塑料细管接入微量恒流泵中，调节并固定流速为 1ml/3min（以上步骤均需保证层析柱中缓冲液高度在 1/3 以上）。然后，在缓冲液流出的同时，分次倾入处理好的 DEAE-纤维素-52（注意：不可一次加入过度，应使沉淀均匀，不能有气泡和分节现象），直至 DEAE-纤维素-52 床面距层析柱上端 5cm 处（床面应平整）。接上层析柱上盖，用塑料细管引进 0.01mol/L 磷酸盐缓冲液（pH 8.0），平衡 20min。

调节自动部分收集器（流速仍固定在 1ml/3min），使每管自动收集 3ml 流出液，备洗脱用。

将梯度混合器活塞 1 和 2 关闭，左室中加 0.25mol/L 磷酸盐缓冲液（pH 8.0）30ml，打开活塞 1，排除通道内空气，关闭之，右室中加 0.01mol/L 磷酸盐缓冲液（pH 8.0）30ml，调节活塞 2，完全排除通道内空气，关闭之，备洗脱用。

3. 加样和洗脱 取下层析柱上盖，待柱内液面接近 DEAE-纤维素-52 床面时（注意：床面不可见干，以免气泡进入），用吸管小心地加入新鲜人血清 0.5ml（避免冲动床面，破坏床面的平整），血清完全进入床面之前，缓缓加入约 1ml 0.01mol/L 磷酸盐缓冲液（这样可使样品稀释最小，又能完全进入床面），当床面再次将近露出时，复加上述缓冲液至管口处。在重新接上上盖前，上盖塑料细管与梯度混合器右室连接，盖上盖子，立即开通活塞 1 和 2，开动磁力搅拌器，洗脱液引到自动部分收集器中，自洗脱液流入的第 1 管起开始收集并标号。

4. 检测和描图 以 0.01mol/L 磷酸盐缓冲液为空白管，每一收集管洗脱液分别在 752 型紫外分光光度计上用 280nm 波长比色，每管光密度为纵坐标，收集管管号为横坐标，做出人血清蛋白层析图谱。

【试剂】

DEAE-纤维素-52、0.5mol/L HCl 溶液、0.01mol/L 磷酸盐缓冲液（pH 8.0）、0.5mol/L NaOH 溶液、0.25mol/L 磷酸盐缓冲液（pH 8.0）、人血清（新鲜）。

【器材】

层析柱（20cm×1cm）、滴定台、梯度混合器、微量恒流泵、自动部分收集器、塑料细管、橡皮胶布、量筒、吸管（1.0ml）、烧杯、试管、玻璃棒、752 型紫外分光光度计、布氏漏斗。

方法Ⅱ. 不连续浓度梯度层析法

【操作步骤】

1. DEAE-G52 处理 见方法 I。

2. 装柱及平衡 将层析柱垂直固定于滴定台上，下端套上橡胶管，柱中倾入 0.01mol/L 磷酸盐缓冲液（pH 8.0），排除柱下端和橡胶管中空气，橡胶管套上“由”字夹和针头。在缓冲液流出的同时，缓慢倾入处理过的 DEAE-G52（一次不能加入过多，使沉淀均匀，不能有气泡和分节现象），直至 DEAE-G52 床面距层析柱上端 5～7cm（床面应平整）。在胶面上加一小滤纸片，而后加入 0.01mol/L 磷酸盐缓冲液（pH 8.0）约 10ml 平衡，并用“由”字夹调流速约 1ml/2min。

3. 加样及洗脱 待柱内液面接近床面时（不可见干，以免气泡进入）用吸管小心地加入新鲜血清 0.5ml(不要冲动床面);待血清完全流入床面,立即加同一缓冲液至液面柱上端约 2cm 处，直至加完 15ml 缓冲液。待 15ml 0.01mol/L 磷酸盐缓冲液完全流入床面时，依次改加 10ml 0.05mol/L、0.10mol/L、0.15mol/L、0.20mol/L、0.25mol/L 磷酸盐缓冲液（pH 8.0）。最后加约 15ml 0.01mol/L 磷酸盐缓冲液（pH 8.0）洗脱，以再生层析柱。在整个加样和洗脱的同时，流出液都用小量筒以 3ml 每管收集于编号的试管内。

4. **检测** 用滴管分别滴取各管流出液 2 滴，滴加试剂甲 8 滴，室温放置 10min，滴加试剂乙各 1 滴，加一管混匀一管。最后目测各管颜色深浅，以±、+、++、+++表示，并以管号为横坐标，颜色深浅为纵坐标，描出层析图谱。

【试剂】

0.5mol/L HCl 溶液，0.5mol/L NaOH 溶液，人血清，DEAE-G52，试剂甲，试剂乙，0.01mol/L、0.10mol/L、0.15mol/L、0.20mol/L、0.25mol/L 磷酸盐缓冲液（pH 8.0）。

【器材】

层析柱（20cm×1cm）、 滴定台、橡胶管、针头、“由”字夹、量筒、吸管、滴管、烧杯、试管、玻璃棒 、布氏漏斗、滴瓶。

【注意事项】

1. 加 Folin-酚试剂反应后应立即摇匀。

2. 层析完毕后的 DEAE-纤维柱用 0.01mol/L 磷酸盐缓冲液（pH 8.0）平衡 30min 后即可再次使用，不需要重新装柱。这种使离子交换剂恢复为原来的离子型（如 $R^+H_2PO_4^-$）的处理方法，称为“再生”。本实验统一回收 DEAE-纤维素。

3. DEAE-纤维素-52，52 是物质结构代号，特指微球型（湿粉）纤维素。

4. Folin-酚试剂法检测蛋白质灵敏度高，其样品蛋白质在 30μg/ml 以内时，颜色深浅与蛋白质浓度呈线性关系。其显色原理见实验 3。

5. 装柱后要检查柱床是否均匀，若有气泡或分层界面时，需要重新装柱。

6. 洗脱时流速不可太快，否则分子小的物质来不及扩散，随分子大的物质一起被洗脱下来，达不到分离目的。

【思考题】

1. 离子交换法纯化蛋白质的理论基础是什么？为了提高蛋白质制品的活性，在分离纯化过程中应注意控制哪些条件？

2. 层析与透析各有何优点？蛋白质分离纯化实验时你如何选择应用？

（殷冬梅 贾 辛）

第九章 电 泳 法

概 述

一、电泳的基本原理

带电荷的质点，在一定的电场作用下，可向正极或负极移动，这种现象称为电泳。许多生物分子都带有电荷，其电荷的多少取决于分子的性质及其所在介质的 pH 和组成。由于混合物中各组分所带电荷性质、电荷数量以及分子量不同，在同一电场的作用下，各组分泳动的方向和速度各异。因此，在一定时间内，根据各组分移动距离的不同，可以达到分离鉴定各组分的目的。

设一带电粒子在电场中所受的力为 F，F 的大小取决于粒子所带电荷 Q 和电场强度 X，即 $F=QX$。

又按照斯托克斯定律（Stocks law），一球形的粒子运动时所受到的阻力 F' 与粒子运动的速度 V、粒子的半径 r、介质的黏度 η 的关系为

$$F'=6\pi r\eta V$$

当 $F=F'$ 时：

$$QX=6\pi r\eta V$$

移项得（1）式：

$$\frac{V}{X}=\frac{Q}{6\pi r\eta} \quad (1)$$

V/X 表示单位电场强度时粒子运动的速度，称为迁移率，也称电泳速度，以 u 表示，即得（2）式：

$$u=\frac{V}{X}=\frac{Q}{6\pi r\eta} \quad (2)$$

由此可见，粒子的迁移率在一定条件下取决于粒子本身的性质，即其所带电荷和大小形状。两种不同的粒子，如两种不同的蛋白质，一般具有不同的迁移率。在特定实验中，移动速度 V 为单位时间 t（以秒计）内移动的距离 d（以厘米计），即

$$V=\frac{d}{t}$$

又电场强度为单位距离 I（以厘米计）内的电势差（以伏特计），即

$$X=\frac{E}{I}$$

以 $V=d/t$、$X=E/I$ 代入（2）式即得

$$u=\frac{V}{X}=\frac{d/t}{E/I}=\frac{dI}{Et}$$

所以迁移率的单位为厘米 ^{2} 秒 $^{-1}$ 伏特 $^{-1}$。

一物质 A 在电场中移动的距离为

$$d_{\mathrm{A}}=u_{\mathrm{A}}\frac{Et}{I}$$

另一物质 B 移动距离为

$$d_{\mathrm{B}}=u_{\mathrm{B}}\frac{Et}{I}$$

两种物质移动距离的差为

$$\Delta d=(d_A-d_B)=(u_A-u_B)\frac{Et}{I}$$

从式中可以看出，两种物质能否分离取决于两者的迁移率。如果两者迁移率相同，则不能分离，如有明显差别则能够分离。

二、影响电泳的主要因素

（一）电泳介质的 pH

当介质的 pH 等于某种两性物质的等电点时，该物质处于等电状态，即不向正极或负极移动。当介质 pH 小于其等电点时，则呈阳离子状态，向负极移动。反之，介质 pH 大于其等电点时，则呈阴离子状态，向正极移动。因此，任何一种两性物质的混合物电泳均受介质 pH 的影响。在对特定量和带电状态的两性物质进行电泳时，为了保持介质 pH 的稳定性，常用一定 pH 的缓冲液，如分离血清蛋白质常用 pH 8.6 的巴比妥或三羟基氨基甲烷（Tris）缓冲液。

（二）缓冲液的离子强度

离子强度对电泳的影响是离子强度低，电泳速度快，分离区带不易清晰。离子强度高，电泳速度慢，但区带分离清晰。如果离子强度过低，缓冲液的缓冲容量小，不易维持 pH 的恒定。离子强度过高，则降低蛋白质的带电量，使电泳速度减慢。所以常用的离子强度为 0.02～0.2mol/L。

溶液离子强度的计算：

$$I=\frac{1}{2}\sum C_iZ_i^2$$

式中，I 为离子强度，C_i 为离子的物质的量浓度（mol/L），Z_i 为离子的价数。

如 0.154mol/L 的氯化钠溶液的离子强度为

$$I=\frac{1}{2}(0.54\times1^2+0.154\times1^2)=0.154$$

0.1mol/L 硫酸锌溶液的离子强度为

$$I=\frac{1}{2}(0.1\times2^2+0.1\times1^2)=0.4$$

0.01mol/L NaCl 和 0.1mol/L Na_2HPO_4 溶液的离子强度为

$$I=\frac{1}{2}(0.01\times1^2+0.01\times1^2+2\times0.1\times1^2+0.1\times2^2)=0.31$$

溶液中不能解离或很少解离的物质不应计入离子强度。

（三）电场强度

电场强度和电泳速度成正比。电场强度以每厘米的电势差计算，也称电势梯度。如纸电泳的滤纸长 15cm，两端电压（电势差）为 150V，则电场强度为 150/15=10（V/cm）。电场强度越高，则带电粒子的移动速度越快。电压增加，相应电流也增加，电流过大易产生热效应，造成蛋白质变性而不能分离。

（四）电渗作用

在电场中，液体对固体的相对移动称为电渗（图 9-1）。如滤纸表面含有带负电荷的羧基，则溶液向负极移动。由于电渗现象与电泳同时存在，所以电泳粒子的移动距离也受电渗影响，如纸电泳时蛋白质移动的方向与电渗方向相反，则实际上蛋白质泳动的距离等于电泳泳动距离减去电渗距离，如电泳方向和电渗方向一致，则蛋白质移动的距离等于二者相加。可以用不带电的有色染料或有色葡聚糖在支持物上电泳，观察电渗的方向和距离。

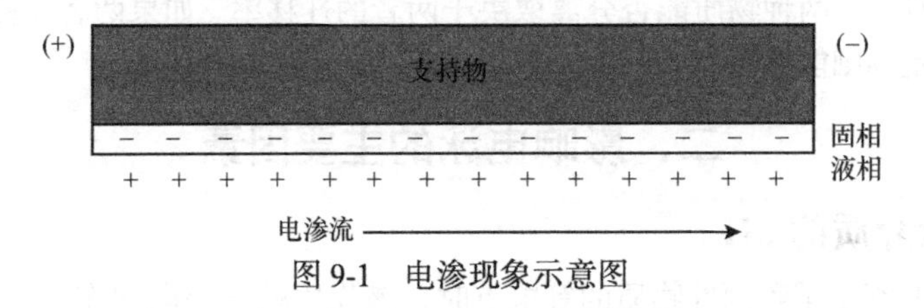

图 9-1　电渗现象示意图

三、区带电泳的分类

（一）按照支持物的物理性状分类

1. **滤纸及其他纤维素膜电泳**　如乙酸纤维素电泳、玻璃纤维素电泳、聚胺纤维素电泳等。

2. **粉末电泳**　如纤维素粉电泳、淀粉电泳、玻璃粉电泳等。

3. **凝胶电泳**　如琼脂糖电泳、琼脂电泳、硅胶电泳、淀粉凝胶电泳、聚丙烯酰胺凝胶电泳。

4. **丝线电泳**　如尼龙丝电泳、人造丝电泳等。

（二）按照支持物装置的不同分类

1. **平板式电泳**　支持物水平放置，是常用的电泳方式。

2. **垂直板式电泳**　支持物垂直放置，同样是非常常用的电泳方式。

3. **连续流动电泳**　首先应用于纸电泳，将滤纸垂直竖立，两边各放一电极，缓冲液和样品自顶端流下，与电泳方向垂直。可分离较大量的蛋白质。用淀粉、纤维素粉、玻璃粉等代替滤纸，分离效果更好。

（三）按照 pH 的连续性不同分类

1. **连续 pH 电泳**　电泳的全部过程中缓冲液 pH 保持不变，如纸电泳、乙酸纤维膜电泳。

2. **不连续 pH 电泳**　缓冲液与支持物之间有不同的 pH，如聚丙烯酰胺凝胶电泳、等电聚焦电泳、等速电泳等，能使样品分离的区带更加清晰，并可作 ng 级微量物质的分离。

四、几种常用的电泳方法

（一）聚丙烯酰胺凝胶电泳

聚丙烯酰胺凝胶电泳（polyacrylamide gel electrophoresis，PAGE）是以聚丙烯酰胺作为载体的一种区带电泳，这种凝胶由丙烯酰胺（acrylamide，Acr）和交联剂 *N,N'*-亚甲基（甲叉）双丙烯酰胺（*N,N'*-methylene-bis-acrylamide，Bis）聚合而成。聚丙烯酰胺凝胶具有机械强度好、弹性大、透明度高、化学稳定性高、无电渗作用、设备简单、样品用量少和分辨率高等优点，通过控制单体浓度或单体与交联剂的比例，可以聚合成孔径大小不同的凝胶，可用于蛋白质、核酸等物质的分离、定性和定量分析。在进行蛋白质电泳时，还可以加入去垢剂十二烷基硫酸钠（SDS），提高电泳的分离效果，并且能用于测定蛋白质的分子量。

丙烯酰胺单体与聚合物结构如下：

$CH_2{=}CH{-}C({=}O){-}NH_2$

丙烯酰胺

$CH_2{=}CH{-}C({=}O){-}NH{-}CH_2{-}NH{-}C({=}O){-}CH{=}CH_2$

亚甲基双丙烯酰胺

$$-CH_2-CH(CONH_2)-CH_2-CH(CONH-CH_2-NHCO-)-CH_2-CH(CONH_2)-CH_2-CH(CONH_2)-$$

$$-CH_2-CH(\text{—})-CH_2-CH(CONH_2)-CH_2-CH(CONH_2)-CH_2-CH(CONH_2)-$$

Acr 或 Bis 无论单独存在或混合在一起都是稳定的，一旦出现自由基团时，就会发生聚合反应。自由基团的引发有化学和光化学两种方法。化学法的引发剂是过硫酸铵（AP），催化剂为四甲基乙二胺（TEMED）。光化学法是在光线的照射下，由光敏感物质核黄素来引发，催化剂也是 TEMED。由于单体及交联剂、引发剂和催化剂的浓度、比例、聚合条件等的不同，便可产生不同孔径的凝胶。一般而言，凝胶浓度越大，交联度越大，孔径越小。

凝胶浓度的选择见表 9-1。

表 9-1 分离蛋白质或核酸的凝胶浓度选择

	分子量范围	凝胶浓度（%）
蛋白质	＜10 000	20～30
	10 000～40 000	15～20
	40 000～100 000	10～15
	100 000～500 000	5～10
	＞500 000	2～5
核酸	＜10 000	15～20
	10 000～100 000	5～10
	100 000～2 000 000	2～2.6

根据凝胶形状可分为盘状电泳和板状电泳。盘状电泳是在直立的玻璃管内进行的电泳，一般利用不连续 pH 的缓冲液使样品混合物被压缩形成狭窄的区带，区带呈圆盘状，故而得名。板状电泳（垂直或水平）是将聚丙烯酰胺聚合在两块玻璃板之间形成平板状，平板的大小和厚度视实验的需要而定。垂直平板电泳有如下优点：①表面积大，易于冷却，便于控制温度；②能在同一凝胶板上，在相同操作条件下，同时电泳多个样品，便于相互比较；③样品在一次电泳后，可将平板旋转 90°进行第二次电泳，即双向电泳；④便于用各种方法鉴定，如放射自显影等。其缺点是制备凝胶时操作比较复杂，电压较高，电泳时间较长。

凝胶的机械性能、弹性、透明度和黏着度取决于凝胶总浓度。通常用 T%表示总浓度，即 100ml 凝胶中含有 Acr 和 Bis 的总克数。Acr 和 Bis 的比例常用交联度 C%表示，即交联剂 Bis 占单体 Acr 和 Bis 总量的百分数。

凝胶的孔径主要受总浓度 T%的控制，通常 T%越大，平均孔径越小，凝胶的机械强度越大。实验表明，当 T%值固定时，交联度在 5%时孔径最小，高于或低于 5%时，孔径相应增大。

为了在使用凝胶时有较高的重复性，制备凝胶所用的凝胶浓度和交联度、催化剂的浓度、聚合反应的时间等，凡能影响泳动率的因素都应该保持恒定。要提高蛋白质或核酸分子的分离效果，在凝胶上形成清晰的区带，选择一定孔径的凝胶是关键。

不连续凝胶电泳的支持体由分离胶和浓缩胶组成。浓缩胶在上层，总浓度一般为2%～3%，缓冲液为不同浓度的Tris-HCl，pH为6.7左右。分离胶为下层，总浓度5%～15%，缓冲液常用Tris-HCl，pH为8.9左右。上下电泳槽盛有pH为8.3的Tris-甘氨酸缓冲液，上槽连接负极，下槽连接正极。

不连续凝胶电泳的分离原理如下：

（1）样品的浓缩效应。

1）凝胶浓度的不连续性：浓缩胶与分离胶的单体总浓度和交联度不同，孔径大小存在差别。前者凝胶孔径大，后者孔径小。带电荷的蛋白质离子在浓缩胶中泳动时，因所受阻力很小，泳动速度快。当泳动到小孔径的分离胶时，遇到阻力增大，移动速度迅速减慢，使样品产生浓缩。

2）缓冲液离子成分的不连续性：最上层电极缓冲液的pH为8.3，缓冲液中的甘氨酸解离为阴离子。凝胶中的缓冲液为Tris-HCl，在浓缩胶和分离胶中均解离为Cl^-。因大部分蛋白质pI值为5.0左右，在浓缩胶中解离而带负电荷。电泳时，在电场的作用下，电极缓冲液中的甘氨酸离子进入浓缩胶，在pH 6.8的环境下解离度降低，负电荷减少，迁移率下降，称慢离子。相反，Cl^-处于高度解离状态，迁移率最大，称快离子。因此在浓缩胶中，离子的迁移率为Cl^-＞蛋白质＞甘氨酸。Cl^-的快速移动，使在Cl^-后面胶层中的离子浓度骤然降低，形成一个低电导且高电位梯度，或称高电位差的区域。因为电泳速度取决于电位差和有效迁移率，所以在此区域中，蛋白质离子及甘氨酸离子加速向阳极移动。由于蛋白质离子的有效迁移率处于两者之间，一定时间后，当电位梯度不大时，Cl^-能够超越蛋白质离子，而甘氨酸离子则落后于蛋白质离子。当三种离子形成界面时，蛋白质离子就聚集在Cl^-和甘氨酸离子之间，浓缩成很窄的薄层。此浓缩效应可以使蛋白质浓缩数百倍。

在分离胶中，缓冲液的pH为8.9，甘氨酸进入此胶层后，其解离度大大增加，其迁移率几乎与Cl^-接近。此外，分离胶孔径小，蛋白质在泳动时，所受阻力较浓缩胶大，移动缓慢。由于这两个原因，甘氨酸离子在分离胶中的有效迁移率超过蛋白质离子，导致分离胶不再具备浓缩胶效应，因而只有分离效应。

（2）分子筛效应。在凝胶电泳中，由于凝胶浓度不同，其网孔的孔径不同，可通过的蛋白质分子量范围也就不同。分离胶孔径较小，分子量和构型不同的蛋白质分子，通过一定孔径的凝胶时所受阻力不同，从而造成泳动速度的变化。所以多种蛋白质的混合样品，即使不同组分所带电荷相同，迁移率相等，由于阻力不同也能够彼此分开。小分子受阻程度小，泳动在前，大分子受阻程度大，滞留在后。

（3）电荷效应。由于各种蛋白质所带电荷不同，有效迁移率也不同，它们在浓缩胶和分离胶交界处被浓缩成狭窄的区带，仍以一定顺序排列成各自的小圆盘状，紧密压缩在一起。当它们进入分离胶时，由于电泳体系已处于一个均一的连续状态，故此时以电荷效应为主，带不同电荷的蛋白质依据其移动速度的大小依次分离。

（二）SDS-聚丙烯酰胺凝胶电泳

聚丙烯酰胺凝胶电泳可根据蛋白质分子或其他生物大分子所带电荷的差异及分子大小的不同对不同组分进行分离。然而，有时两个分子量不同的蛋白质，由于分子大小的差异被电荷的差异所补偿，最终以相同的泳动速度向阳极移动，不能达到分离的目的。SDS-聚丙烯酰胺凝胶电泳（SDS-PAGE）就是设法将电荷差异这一因素除去或减小到可以忽略不计的程度。

SDS是一种阴离子表面活性剂，它能破坏蛋白质的疏水相互作用，造成蛋白质三级结构的解体。SDS的疏水部分与蛋白质的疏水区域结合形成复合物，成为近似球形的形状。同时，SDS与大多数蛋白质的结合比为1.4g SDS：1g蛋白质。SDS带有负电荷，使SDS-蛋白质复合物带有相同密度的负电荷，带电量远远超过了蛋白质分子本身的电荷，因而掩盖了不同蛋白质分子本身电荷的差别。这样的复合物在凝胶电泳中的迁移率不再受蛋白质本身电荷和形状的影响，只与蛋白质的分子量有关。在一定条件下，迁移率与蛋白质分子量的对数成反比。

$$M_r=K(10^{-bm}) \quad \lg M_r=\lg K-bm=K_1-bm$$

其中M_r为蛋白质分子量，K、K_1为常数，b为斜率，m为迁移率。

SDS-聚丙烯酰胺凝胶电泳测定蛋白质分子量，必须先作一个以已知分子量蛋白质的迁移率为横坐标，蛋白质分子量的对数为纵坐标的标准曲线。未知分子量蛋白质样品在同样的条件下电泳，测定其迁移率，再从标准曲线上求出未知蛋白质样品的分子量。由于这种方法测定蛋白质分子量简便快速、精确度高，因此具有非常广泛的应用。

（三）免疫电泳

免疫电泳是在凝胶电泳与凝胶扩散实验基础上发展起来的一项技术。它是一种特异性的沉淀反应，敏感性高，每种抗原可以和相应抗体起反应，呈现一条乳白色的沉淀弧线。它不仅可以鉴定混合物中组分的数目，还可以利用各组分的电泳迁移率结合免疫特异性以及化学性质和酶活力等来确定混合物中各组分的性质。

将待检测的可溶性物质（抗原）在琼脂板上进行电泳分离，由于各种可溶性蛋白分子的颗粒大小、质量与所带电荷的不同，在电场作用下，带电分子的运动速度具有一定的规律。因此，通过电泳能够将混合物中各种不同组分分离开。电泳结束后，在琼脂板一定的位置上挖一条长槽，加入相应的抗血清，然后放置于湿盒内进行双向扩散。在琼脂板中抗原和抗体相互扩散，当二者相遇且比例适合时，就形成了不溶性的抗原抗体复合物，出现乳白色的特异性沉淀弧线。可以根据出现的沉淀弧线数目来初步判定混合物中抗原的种类。一种好的抗血清应出现比较清晰、特异性的沉淀弧线，弧线的位置取决于抗原和抗体两种反应物的分子量、比率和扩散速度。当抗原扩散速度慢时，沉淀弧线弯曲度大，其位置靠近移动轴。反之，当抗原扩散速度快时，弧度较平，其位置离开移动轴。

（殷冬梅）

实验6 SDS-聚丙烯酰胺凝胶电泳分离混合蛋白质

【目的与要求】

1. 掌握聚丙烯酰胺凝胶电泳分离蛋白质的基本原理。
2. 熟悉并掌握SDS-聚丙烯酰胺凝胶电泳的实验方法和常规操作。

【实验原理】

聚丙烯酰胺是由丙烯酰胺（Acr）和交联剂*N,N'*-亚甲基双丙烯酰胺（Bis）在催化剂和引发剂作用下，聚合交联而成，具有网状结构的凝胶。以此为支持物，可以对蛋白质或核酸等大分子物质进行电泳分离。常规的聚丙烯酰胺凝胶电泳可以在玻璃管或玻璃板中进行，也可在毛细管中进行以达到更精密的分离效果。

聚丙烯酰胺凝胶电泳的方法有很多种。例如：在Tris-硼酸-EDTA（TBE）缓冲液中进行的非变性核酸电泳，在8M*尿素及TBE缓冲液中进行的变性核酸电泳，分别用于分离双链和单链核酸。在进行蛋白质电泳时，也有变性与非变性的方式。在进行变性电泳时，缓冲液中含有

---

* 1M=1mol/L。

十二烷基硫酸钠（SDS）。SDS 是一种阴离子表面活性剂，它能破坏蛋白质的疏水相互作用，造成蛋白质三级结构的解体。SDS 的疏水部分与蛋白质的疏水区域结合形成复合物，成为近似球形的形状。SDS 带有负电荷，使 SDS-蛋白质复合物带有相同密度的负电荷，带电量远远超过了蛋白质分子本身的电荷，因而掩盖了不同蛋白质分子本身电荷的差别。这样的复合物在凝胶电泳中的迁移率不再受蛋白质本身电荷和形状的影响，只与蛋白质的分子量有关。这一电泳方法称为 SDS-聚丙烯酰胺凝胶电泳（SDS-PAGE），在蛋白质的分离鉴定中应用非常广泛。在特殊情况下，如果要保证蛋白质的天然活性，如对蛋白-蛋白或蛋白-核酸复合物进行电泳时，则应该采用非变性方式。

聚丙烯酰胺凝胶电泳还有连续与不连续之分。本实验使用国产的垂直板蛋白电泳系统，使用不连续 SDS-PAGE 电泳对血清蛋白进行分离鉴定。蛋白电泳系统组成见图 9-2。蛋白电泳后经染色可以观察到条带。

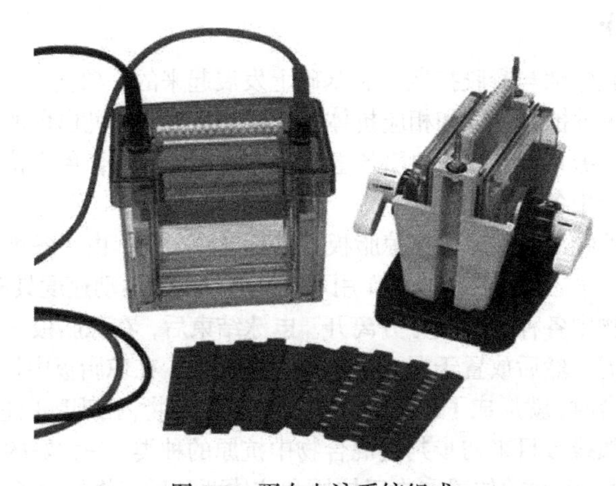

图 9-2 蛋白电泳系统组成

蛋白电泳系统包括玻璃板（包括短板与长板，长板上有玻璃制成的间隔条）、灌胶装置（包括胶条和样品梳）和电泳槽。

【操作步骤】

1. 制备凝胶 按照图 9-3 所示方法将洗净的玻璃板安装在灌胶装置上，确保密封不漏水。按照表 9-2 配方配制 10%分离胶 10ml，加入玻璃板之间，缓慢加入少量蒸馏水密封。放置在桌面上约 45min，直至聚合反应完成。

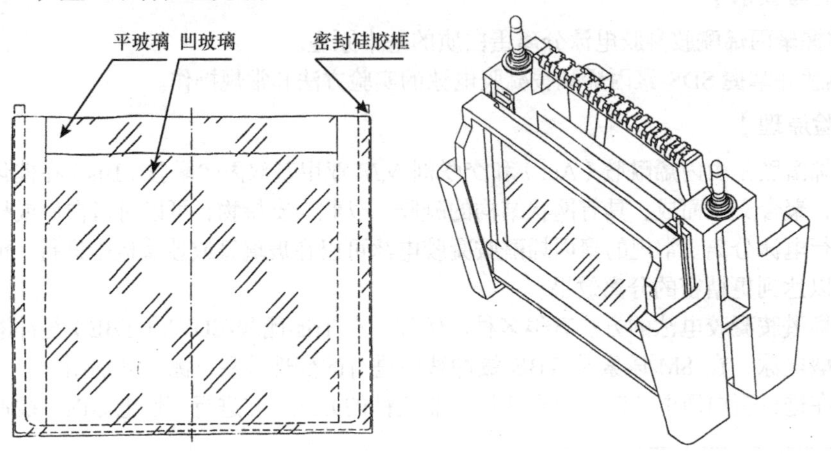

图 9-3 制胶玻璃板的安装

待聚合反应完成后，倒去上层水。按照表 9-3 配方配制 5%浓缩胶 5ml，加入到分离胶之上，插入样品梳。放置 15min，等待聚合反应完成。

表 9-2 10%分离胶配方

成分	用量（ml）
H_2O	3.8
30% Arc/Bis	3.4
1.5mol/L Tris-HCl（pH 8.8）	2.6
10%SDS	0.1
10% APS	0.1
TEMED	0.004

表 9-3 5%浓缩胶配方

成分	用量（ml）
H_2O	3.4
30% Arc/Bis	0.83
1mol/L Tris-HCl（pH 6.8）	0.63
10%SDS	0.05
10% APS	0.05
TEMED	0.005

2. 样品的制备 取 LB 培养基培养的大肠杆菌 10ml，8000r/min 离心 1min。用 3.75ml PBS 悬浮菌体，再加入 4×SDS 上样缓冲液 1.25ml，沸水浴 10min，冷却备用。如使用其他组织蛋白样品，处理如下：

（1）将心、肝、肾、脑等组织迅速置于预冷的生理盐水中，漂洗数次，以清洁表面的血迹，将组织称量后切成几个较小的组织块放入机械组织匀浆器中，按组织净重：裂解液=1：10 的比例，加入相应体积的裂解液进行匀浆，离心收集上清液（如有黏稠物可超声处理，具体方法见细胞培养的样品制备，也可以冷冻干燥降解核酸后，将冻干的蛋白质样品溶解在适当的上样缓冲液中，混匀后静置 3h 使样品中的蛋白质充分溶解，4℃离心收集）。加入 Laemmli 样品缓冲液（视蛋白样品浓度，以 1：1 或 1：2 的比例混合）涡旋混匀，样品置 100℃加热 3～5min，10 000r/min 离心 10min，取上清液，将其转入另一洁净的试管中备用（样品既可立即使用也可以分装冻存，–20℃存放的样品可保持稳定数月）。

（2）可使用商品化小牛血清适当稀释后作为样品，经上述（1）中相同处理后进行电泳。

3. 上样与电泳 安装电泳槽，加入适量电极缓冲液，小心取出样品梳。取预先制备好的变性后的蛋白样品 5～10μl，缓慢加入点样孔中。接通电源，按电压 90V 电泳，待样品完全进入浓缩胶压成一条线后，再调节电压为 120V 电泳约 40min，至指示剂到达胶板底部时停止电泳。卸开电泳槽，撬开玻璃板，小心取出凝胶，剥离分离胶。

4. 染色与脱色 将凝胶放置在培养皿中，加入考马斯亮蓝 R-250 染色液浸没凝胶，将培养皿放置在 60℃水浴箱中。取出培养皿，倒去染色液，加入脱色液后 60℃水浴箱脱色。取出凝胶观察电泳条带。

【注意事项】

1. 丙烯酰胺与亚甲基双丙烯酰胺均为神经毒剂，对皮肤和呼吸道有刺激作用，故操作时应戴好口罩和手套，注意防护。

2. 过硫酸铵溶液以当天配制为佳。也可分装成小管，冻存于冰箱中备用。

3. 聚合反应的速度与温度关系密切，应注意维持室温在 20℃以上。

【试剂】

1. 5×Tris-甘氨酸缓冲液：15.1g Tris 碱，72g 甘氨酸（pH 8.3），50ml 10% SDS，4℃保存。

2. 1.5mol/L Tris-HCl（pH 8.8）：在 800ml 水中溶解 182g Tris 碱，加入 HCl 调节 pH 至所需，加水定容至 1L。

3. 30%丙烯酰胺储存液：29g 丙烯酰胺，1g 亚甲基双丙烯酰胺，定容于 100ml 去离子水（ddH_2O），并用滤纸过滤，置棕色瓶内，4℃冷藏放置。

4. 10% SDS：在 180ml 水中溶解 20g 电泳级 SDS，加热至 68℃助溶，定容。

5. TEMED。

6. 10% 过硫酸铵。

7. 考马斯亮蓝 R-250 染色液：900ml 甲醇：H_2O（1：1，*V*/*V*），100ml 冰醋酸，2.5g 考马斯亮蓝 R-250。溶解、过滤并避光保存。

8. 凝胶脱色液：900ml 甲醇：H_2O（1：1，*V*/*V*），100ml 冰醋酸。

9. 4×SDS 上样缓冲液：500mmol/L Tris-HCl（pH 6.8）50ml，β-巯基乙醇 8ml，SDS 8g，溴酚蓝 0.4mg，100%甘油 40ml。

10. 1.0mol/L Tris-HCl（pH 6.8）：在 800ml 水溶解 121.2g Tris 碱，加入 HCl 调节 pH 至所需，加水定容至 1L。

11. 大肠杆菌蛋白表达：转染了目的基因的大肠杆菌 DH5α，于 20ml LB（Amp^+）液体培养基中，37℃ 振荡培养过夜。

【器材】

垂直平板灌胶装置、电泳仪及垂直平板电泳槽、刻度吸管、小烧杯、可调式微量加样器恒温水浴箱、离心机、电磁炉。

【思考题】

1. 简述聚丙烯酰胺凝胶中各组分的作用。

2. 聚丙烯酰胺凝胶具有高分辨率的原理是什么？

3. 简述 SDS-PAGE 的原理及应用。

4. 在不连续体系的 PAGE 中，分离胶制备后，需在其上加一层水，为什么？

（殷冬梅）

第十章　离心分离技术

概　　述

一、原　　理

利用离心力将悬浮液中的悬浮微粒快速沉降，借以分离密度不同的各种物质成分的方法称为离心。离心是一种经常使用的常规技术。

液体中的可沉淀颗粒，在重力作用下受到的下沉力为 F。

$$F=\text{重力}-\text{浮力}=V\rho g-V\delta g=Vg\,(\rho-\delta)$$

式中，V 表示微粒体积，ρ 表示微粒密度，δ 表示介质密度，g 表示重力加速度。如果 $\rho>\delta$ 则 F 表示下沉力。

离心时，微粒在离心管中以半径 r 作绕轴的圆周运动，微粒受到的向心力为 $V\delta r\omega^2$。ω 是圆周运动的角速度。维持微粒作半径 r 的匀速圆周运动所需的向心力为 $V\rho r\omega^2$。如果 $\rho\neq\delta$，则微粒实际所受向心力与维持其圆周运动所需向心力的差值为 $V\delta r\omega^2\,(\rho-\delta)$。

当 $\rho>\delta$ 时，微粒受到的向心力不足以维持它在圆周上运动，因此微粒向远离圆心的方向运动。$\rho-\delta$ 差值越大，外移速度越快。

比较上述数学式发现，若加大离心机转速，将使 $r\omega^2$ 值远远超过 g 值，加快离心微粒的沉降速度。离心机就是根据这一原理设计和工作的。

离心力迫使离心微粒脱离圆周运动，因此离心机离心力的大小决定了分离的效果。相对离心力 F 可由以下方程表示：

$$F=\frac{4\pi^2 r(\text{r/min})^2}{g}$$

其中 g 表示重力加速度（980.6cm/s^2），r/min 表示离心机每分钟转数，r 为离心半径。

离心力以 g 为单位时也可表示为

$$F(g)=r\cdot(\text{r/min})^2\times1.118\times10^{-5}$$

二、分　　类

不同离心机具有的最高转速不同，转速少于 6000r/min 的为低速离心机，6000～25 000r/min 的为高速离心机，超过 30 000r/min 的为超速离心机。根据离心机的用途不同，还可将离心机分为分析离心机和制备离心机。制备离心技术又分为分级离心技术和密度梯度离心技术。用于生物大分子分离的，还有超速离心技术。

分级离心法是实验室常用的方法，若悬浮液中的颗粒是不均一的，各种微粒会以各自不同的速度沉降。远端是沉降最快的，通常是颗粒最大的。为了将各不均一的组分分开，可以选用不同的离心速度，由低速到高速分阶段离心。也可以高速和低速交替反复离心，将不同颗粒大小的微粒分批沉降下来，留取所需组分。这种分离方法相对比较粗糙，回收率不高。

密度梯度离心法具有很好的分辨能力，可以同时分离样品中的多个或全部组分。这一方法是将离心分离的样品置于一个密度梯度的介质中离心。离心时越远离轴心的介质密度越大，不同的微粒停留于不同密度的介质中。密度梯度离心法有速率区带技术与等密度梯度离心技术两种方式。

速率区带技术：用此技术分离样品依赖于样品中微粒或高分子的颗粒大小和沉降速度不

同。将一样品溶液铺于密度梯度介质上部。样品在液柱上方形成负梯度，由于底部是一个很陡的正梯度，所以样品不会过早地扩散。在离心力的作用下，具有同一沉降速度的微粒呈区带状分离沉降，从而得到分离。要使离心成功，样品微粒的密度应大于梯度液柱中任意一点的密度，并且在区带到达离心管底部时适时停止离心。

等密度梯度离心技术：这是按照微粒浮力密度分离的方法。介质的密度梯度包括所有待分离微粒的密度，样品铺在密度梯度液柱的上端或均匀分布于介质中。离心时微粒移动到与其密度相同的地方形成区带，其分离完全是由密度差异造成。等密度梯度离心常用介质是碱金属盐溶液，如铯盐或铷盐。

超速离心法多用于亚细胞结构的分离制备和生物大分子的制备，目前转速可达 85 000r/min 以上。生物大分子在超速离心力场作用下，离心力大于分子扩散力，生物大分子便逐渐沉降。分子量和分子形状不同，其沉降速度就不同，因此而被分离。

生物大分子在单位离心力场作用下的沉降速度称为沉降系数。所谓沉降系数是微粒颗粒在离心力的作用下，从静止状态到达极限速度所需要的时间，其单位用 Svedberg，即 S 表示，$1S=1\times10^{-13}s$。例如，免疫球蛋白的沉降系数为 7，即 $7\times10^{-13}s$。

（吴娟娟）

实验 7　单个核细胞的分离——密度梯度离心法分离淋巴细胞

【目的与要求】

掌握淋巴细胞的分离原理和鉴定方法。

【实验原理】

根据物理学中的颗粒沉降原理，不同密度的物质颗粒在其沉降运动中可因密度的差别而处于不同的分布位置。利用此原理可设计一定密度的液体界面，将外周血中各种不同密度的细胞通过离心沉降而达到使其彼此分离的目的。因此，可用密度与被分离细胞相近的细胞分离液通过密度梯度离心法，在分离液界面上收集到所需的单个核细胞。本实验利用密度梯度离心法分离淋巴细胞，淋巴细胞包括 T 细胞和 B 细胞，是适应性免疫应答的重要组成部分，在很多情况下，淋巴细胞的数目和功能是反映机体免疫系统功能的重要指标。

分离活细胞的介质要求：

（1）能产生密度梯度，且密度高时，黏度不高。

（2）pH 中性或易调为中性。

（3）浓度大时渗透压不大。

（4）对细胞无毒。

常用的淋巴细胞分离液：

（1）聚蔗糖-泛影葡胺液（又称 Ficoll）。

（2）泛影葡胺-右旋糖酐液（又称 Dextran）。

【操作步骤】

1. 将小鼠用颈椎脱臼法处死，解剖暴露腹腔，于腹腔靠上部位，用镊子轻轻夹起腹膜，将腹膜剪开，在腹腔左上部找到并取出脾脏。

2. 将脾脏置于培养皿内 100 目筛网上，边加入 PBS 边用磨棒磨碎脾脏（共加入 8ml PBS），同时通过筛网过滤，即可获得脾细胞混合悬液。

3. 离心上述脾细胞混合悬液，1500r/min，5min，弃部分上清液，调整体积至 4ml，重新悬浮成 4ml 脾细胞混合悬液。

4. 取盛有 3ml Ficoll 淋巴细胞分离液（相对密度 1.088）的试管一支，用移液器在其中小心加入步骤 3 中获得的 4ml 脾细胞混合悬液。

5. 将上述试管离心，1800r/min（将离心机上升和下降速率设置成 2），20℃ 30min。

6. 离心后小心取出试管，仔细观察细胞分层，试管底层为红色的红细胞，向上依次为细胞分离液和 PBS，在此之间可见一层淡淡的白色细胞层（图 10-1）。

7. 用尖吸管小心取出中层间的细胞到另一洁净的离心试管，并加入 2ml PBS 洗涤 1 次，1500r/min 离心 5min 后弃去上清液。

8. 再将细胞均匀悬浮于 0.05～0.1ml PBS 中，取出 10μl 滴于黏附剂处理的载玻片上，自然干燥后，可进行细胞类型鉴定。

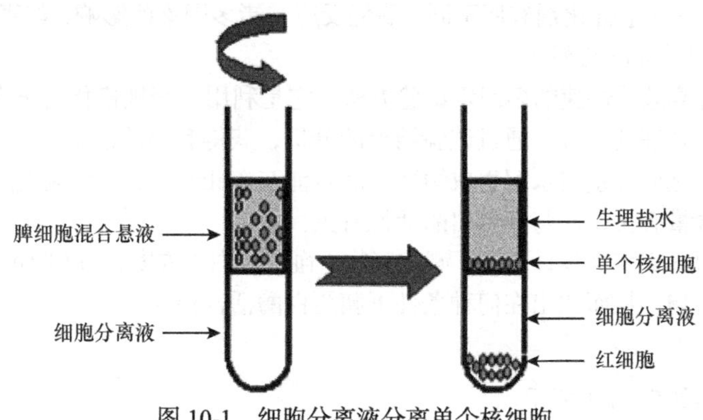

图 10-1　细胞分离液分离单个核细胞

【注意事项】

向分离液管中加入脾细胞混合悬液时应沿试管壁缓缓加入，使脾细胞混合悬液与分离液形成明显的界面，小心放取试管，保持界面完整，避免打乱界面，影响分离效果。

【实验动物及试剂】

昆明种小鼠、Ficoll 淋巴细胞分离液（相对密度 1.088）、PBS。

【器材】

解剖器具 1 套、100 目筛网、无菌培养皿、离心管、组织研磨棒、台式离心机、显微镜、细胞计数板、细胞计数器、尖吸管、橡皮吸头、载玻片、吸水纸等。

【思考题】

1. 本实验的关键步骤是什么？
2. 在哪个界面中可获得较多的淋巴细胞？还有哪些方法可分离血中的单个核细胞？
3. 若想进一步分析所得单个核细胞的细胞类型，如 B 细胞，可用什么方法？

（殷冬梅）

第十一章　酶促反应动力学实验

实验 8　用正交法测定几种因素对酶活力的影响

【目的与要求】

1. 初步学习如何采用正交法安排多因素多水平的实验。
2. 掌握用正交法确定酶反应的最佳条件。

【实验原理】

酶是由活细胞产生的具有催化作用的蛋白质，是生物催化剂。酶具有一般催化剂的特性，但它又是蛋白质，与一般催化剂有所不同。酶促反应受诸多因素的影响，如底物浓度、酶浓度、pH、温度、激动剂、抑制剂等。

正交法是一种高效、快速的多因素试验方法。它是利用一套规格化的正交表，使每次试验的因素及水平得到合理的安排，通过试验结果的分析，获得有用的信息。

胰蛋白酶能催化血红蛋白水解生成短肽，后者能与 Folin-酚试剂反应生成蓝色化合物，蓝色的深浅与短肽含量有关，即与胰蛋白酶活性有关。

本实验是运用正交表来设计实验，测定底物（血红蛋白）浓度、酶（胰蛋白酶）浓度、pH、温度对酶活性的影响，从而找出在何种条件下胰蛋白酶活性最大。

【操作步骤】

具体操作步骤如表 11-1 所示。

表 11-1　正交法测定几种因素对酶活力的影响

试剂（ml） \ 管号	1	6	8	2	4	9	0	3	5	7
2%血红蛋白液	0.2	0.5	0.8	0.2	0.5	0.8	0.5	0.2	0.5	0.8
缓冲液	pH 7	pH 8	pH 9	pH 8	pH 9	pH 7	pH 8	pH 9	pH 7	pH 8
	2.6	1.7	1.7	2.3	2.3	1.4	2.0	2.0	2.0	2.0
	37℃预热 5min			50℃预热 5min			60℃预热 5min			
酶液	0.2	0.8	0.5	0.5	0.2	0.8	—	0.8	0.5	0.2
	37℃反应 10min			50℃反应 10min			60℃反应 10min			
15%TCA	2.0	2.0	2.0	2.0	2.0	2.0	2.0	2.0	2.0	2.0
酶液	—	—	—	—	—	—	0.5	—	—	—
	室温放置 15min，3000r/min 离心 5min									
上清液	0.5	0.5	0.5	0.5	0.5	0.5	0.5	0.5	0.5	0.5
试剂甲	5.0	5.0	5.0	5.0	5.0	5.0	5.0	5.0	5.0	5.0
	混合后，室温下放置 10min									
试剂乙	0.5	0.5	0.5	0.5	0.5	0.5	0.5	0.5	0.5	0.5

将各管按表 11-1 加入试剂后立刻混匀，置 30℃水浴箱保温 30min，冷却，在 721 型分光光度计上波长 500nm 比色，以 0 管调零点，读取各管光密度值（OD 值）。

【数据记录与分析】

实验做好后，把 9 个数据填入表 11-2 的实验结果栏内，按表内数据计算出一水平试验结果总和、二水平试验结果总和、三水平试验结果总和，再取平均值（各自被 3 除），最后计算极差。极差是指这一列中最好与最坏结果之差，从极差的大小就可以看出哪个因素对酶活力影响最大，哪个影响最小。找出在何种条件下酶活力最高，最后作直观分析。

以 OD 值（Ⅰ/3，Ⅱ/3，Ⅲ/3）为纵坐标，因素的水平数为横坐标作图。

表 11-2　实验数据记录与分析

因素 / 试验号	1		2		3		4		试验结果
	[S]（ml）		[E]（ml）		温度（℃）		pH		
1	1	0.2	1	0.2	1	37	1	7	
2	1	0.2	2	0.5	2	50	2	8	
3	1	0.2	3	0.8	3	60	3	9	
4	2	0.5	1	0.2	2	50	3	9	
5	2	0.5	2	0.5	3	60	1	7	
6	2	0.5	3	0.8	1	37	2	8	
7	3	0.8	1	0.2	3	60	2	8	
8	3	0.8	2	0.5	1	37	3	9	
9	3	0.8	3	0.8	2	50	1	7	
Ⅰ（一水平试验结果总和）									
Ⅱ（二水平试验结果总和）									
Ⅲ（三水平试验结果总和）									
Ⅰ/3									
Ⅱ/3									
Ⅲ/3									
极差									

【附注】

1. 实验设计　本实验取四个因素，即底物浓度[S]、酶浓度[E]、温度及 pH。每个因素选三个水平（即在因素的允许变化范围内，要进行试验的“点”），如表 11-3 所示。

表 11-3　影响酶活力的因素与水平

因素 / 水平	[S]（ml）	[E]（ml）	温度（℃）	pH
1	0.2	0.2	37	7
2	0.5	0.5	50	8
3	0.8	0.8	60	9

按一般的方法，如对四个因素三个水平的各种搭配都加以考虑，共需做 3^4=81 次试验，而选用表 11-4 中的正交表（L_9表，L 是正交表的代号，L 右下角的数字表示试验次数）只需做 9 次试验。L_9表有两个特性。

（1）每一列中“1”“2”“3”这三数字都出现三次，即它们出现的次数是相同的。

（2）每两列的横行组成的“数对”共有九个，九个不同的数对（1，1），（1，2），（1，3），（2，1），（2，2），（2，3），（3，1），（3，2），（3，3）各出现一次。

在每一列中各个不同的数字出现的次数相同，每两列的横行组成的各种不同的“数对”出现的次数也都相同，这两点就是正交表的特点，它保证了用正交表安排的试验计划是均衡搭配的，因此，分析数据比较方便，结果比较可靠。

2. 试验安排　具体试验条件如表 11-4 所示。

表 11-4　正交表（L_9表）

试验号 \ 列号	1	2	3	4
1	1	1	1	1
2	1	2	2	2
3	1	3	3	3
4	2	1	2	3
5	2	2	3	1
6	2	3	1	2
7	3	1	3	2
8	3	2	1	3
9	3	3	2	1

将试验的四个因素依次放在L_9表的第 1，2，3，4 列，再将各列的水平数用该列因素相应的水平写出来，就得到上面的试验安排表 11-4。

表中试验号共九个，表示要做九次试验，每次试验的条件如每一横行所示。如做第一个试验时[S]是 0.2ml，[E]是 0.2ml，温度为 37℃，pH 为 7。第二个试验[S]是 0.2ml，[E]是 0.5ml，温度为 50℃，pH 为 8，其余类推。

【注意事项】

1. 试剂溶液取液要准确。
2. 各反应管保温要一致，尤其是酶反应时间要精确控制。
3. 加试剂乙后和测定 OD 值前，反应液都要混匀。

【试剂】

1. 2%血红蛋白液：于 20ml 蒸馏水中加入血红蛋白 2.2g，尿素 36g；1mol/L NaOH 溶液 8ml，室温放置 1h，使蛋白变性。如有不溶物，可过滤除去。再加 0.2mol/L Na_2HPO_4溶液至 110ml 及尿素 4g，调节溶液 pH 达到 7.6 左右。

2. 15%三氯乙酸溶液：15g 三氯乙酸溶于蒸馏水并稀释至 100ml。

3. 牛胰蛋白水解酶液：3mg 牛胰蛋白水解酶冷冻干粉，溶于 10ml 蒸馏水。

4. 0.04mol/L 巴比妥缓冲液（pH7.8）：取巴比妥钠 5.05g，加氯化钠 3.7g 及水适量使其溶解，另取明胶 0.5g 加水适量，加热溶解后并入上述溶液中。然后用 0.2mol/L HCl 溶液调节 pH 至 7.8，再用水稀释至 500ml。

5. Folin-酚试剂

（1）试剂甲：由下述 4 种溶液配制而成。①4%碳酸钠溶液；②0.2mol/L 氢氧化钠溶液；③1%硫酸铜（$CuSO_4 \cdot 5H_2O$）溶液；④2%酒石酸钾钠溶液。在使用前，将①和②等体积混合配成碳酸钠-氢氧化钠溶液，将③与④等体积混合配成硫酸铜-酒石酸钾钠溶液。然后将这两种溶液按 50∶1 的比例混合，即为试剂甲。该试剂只能用一天，过期失效。

（2）试剂乙：在 2000ml 的磨口回流装置内加入钨酸钠（$Na_2WO_4 \cdot 2H_2O$）15g，蒸馏水 700ml；85%磷酸 50ml 及浓硫酸 100ml，充分混合后，以小火回流 10h。再加入硫酸锂（Li_2SO_4）150g、蒸馏水 50ml 及数滴液体溴。然后，开口持续沸腾 15min，以去除过量的溴。冷却后定容至 1000ml，过滤，滤液呈淡黄色，此为储存液，储于棕色瓶中，使用时加等量水稀释。

【器材】

吸管、试管、恒温水浴箱、721型分光光度计、离心机、计算器。

【思考题】

正交法与一般方法相比有什么优点？什么情况下采用正交法？

（殷冬梅 贾 辛）

实验9 影响酶活性的因素

【目的与要求】

1. 掌握温度、pH、激动剂和抑制剂对酶活性的影响。
2. 掌握测定唾液淀粉酶活性的原理和方法。

【实验原理】

酶活性很容易受作用环境中温度、pH 及无机离子的影响。在低温条件下，酶活性受到抑制，酶促反应减弱或停止；温度升高，反应速度加快。当温度上升到某一温度时，酶促反应速度达最大值，此温度称为酶的最适温度。但温度过高时，酶活性因酶蛋白变性而破坏。大多数动物酶的最适温度为37～40℃，低温保存的酶在一定条件下可以恢复活性。

环境pH显著影响酶活性。pH既影响酶蛋白又影响底物的解离程度，从而改变酶与底物的结合和催化作用。在某一pH时，酶活性达最大值，这一pH称酶的最适pH。不同的酶其最适pH不尽相同，一般与酶作用时体液的pH一致。本实验所用的唾液淀粉酶的最适pH为6.8，过酸过碱均可使酶活性显著降低。

酶活性在某些物质的作用下可以增高或降低。凡能提高酶活性的物质称为酶的激动剂，凡能降低或抑制酶活性但不使酶变性的物质称为酶的抑制剂。以唾液淀粉酶为例，氯离子使酶活性增强，铜离子强烈抑制酶活性。

本实验以唾液淀粉酶为例，其催化淀粉水解生成各种糊精和麦芽糖，产生的中间产物遇碘呈现蓝、紫、红等不同颜色，麦芽糖不与碘呈色。因此，可以用碘检查淀粉是否水解及其水解程度，间接判断淀粉酶是否存在及其酶活性大小。

【操作步骤】

1. 收集唾液。用蒸馏水漱口清洁口腔后吐去，再漱一次，将水含于口腔30s后收集于小烧杯内，即为稀释唾液，此稀释唾液中含淀粉酶。
2. 取大试管1支，加稀释唾液1.5ml，加热煮沸，此为煮沸稀释唾液。
3. 另取大试管8支，编号，按表11-5操作（每加一种试剂后立即混匀）。

表11-5 影响酶活性的因素

试剂 \ 管号	1	2	3	4	5	6	7	8
稀释唾液（ml）	—	1.0	1.0	1.0	1.0	1.0	1.0	1.0
煮沸稀释唾液（ml）	1.0	—	—	—	—	—	—	—
0.9%NaCl溶液（ml）	1.0	1.0	1.0	1.0	1.0	—	—	—
1%$CuSO_4$溶液（滴）	—	—	—	—	—	5	—	—
1%Na_2SO_4溶液（ml）							1.0	—
蒸馏水（ml）								1.0

续表

管号 试剂	1	2	3	4	5	6	7	8
pH 6.8 磷酸盐缓冲溶液（ml）	1.0	1.0	1.0	—	—	1.0	1.0	1.0
pH 4.0 磷酸盐缓冲溶液（ml）	—	—	—	1.0	—	—	—	
pH 9.0 磷酸盐缓冲溶液（ml）	—	—	—	—	1.0	—	—	
1%淀粉溶液（ml）	1.0	1.0	1.0	1.0	1.0	1.0	1.0	1.0
混匀后，立即放入	37℃水浴	冰水	37℃水浴					
10min 后取出加稀释碘液（滴）	2	2	2	2	4	2	2	2
现象								

【注意事项】

1. 收集唾液时，再次漱口清洁口腔后蒸馏水停留在口中时间不少于 30s，以保证唾液淀粉酶的产生。

2. 加样时每加一种试剂后立即混匀。

3. 第 2 管开始操作时即放在冰水中。

4. 第 5 管可多加碘液，因碘在碱性液中可生成 NaI 及 NaIO，溶液即成无色。

5. 本实验需要准确地控制酶与作用物的作用时间和温度。

6. 淀粉在水解过程中与各种中间产物会同时存在，故遇碘后呈色的界限不明显。淀粉与紫色糊精同时存在时，可为蓝色与紫色的混合颜色等。

【试剂】

1. 1%淀粉溶液：淀粉 1g 溶解于 100ml 蒸馏水中。

2. 稀碘液：取碘化钾 2g 溶解于少量蒸馏水中，再加碘 1.27g，溶解后以蒸馏水稀释至 200ml，至棕色瓶中密闭保存。使用前用水稀释 5 倍。

3. 0.9%氯化钠溶液：氯化钠 0.9g 溶解于 100ml 蒸馏水中。

4. 1%硫酸铜溶液：硫酸铜 1g 溶解于 100ml 蒸馏水中。

5. 1%硫酸钠溶液：硫酸钠 1g 溶解于 100ml 蒸馏水中。

6. pH 4.0 磷酸盐缓冲液：0.2mol/L Na_2HPO_4 82ml，0.1mol/L 柠檬酸 318ml，混匀。
   pH 6.8 磷酸盐缓冲液：0.2mol/L Na_2HPO_4 386ml，0.1mol/L 柠檬酸 114ml，混匀。
   pH 9.0 磷酸盐缓冲液：0.2mol/L Na_2HPO_4 82ml 即是。

7. 0.2mol/L Na_2HPO_4：称取 Na_2HPO_4 71.636g 溶于蒸馏水，定容至 1000ml。

8. 0.1mol/L 柠檬酸：称取柠檬酸 21.008g 溶于蒸馏水，定容至 1000ml。

【器材】

微量移液器、试管及试管架、制冰机、电磁炉、恒温水浴箱。

【思考题】

1. 比较 1、2、3 管实验结果，并解释之；比较 3、4、5 管实验结果，并解释之；比较 3、6、7、8 管实验结果，并解释之。

2. 请写出本实验唾液淀粉酶的最适温度和最适 pH，以及它的抑制剂和激活剂。

3. 高温和低温对酶活性的影响有何本质区别?

4. 如何设计实验判断一种试剂中的离子是激动剂还是抑制剂？

（顾建兰）

实验 10　碱性磷酸酶米氏常数的测定

【目的与要求】

通过碱性磷酸酶米氏常数的测定，了解其测定方法和意义。学会运用标准曲线测定酶的活性，加深对酶促反应动力学的理解。

【实验原理】

在环境的温度、pH 和酶的浓度一定时，酶促反应速度与底物浓度之间的关系表现在反应开始时，酶促反应的速度（V）随底物浓度（[S]）的增加而迅速增加。若继续增加底物浓度，反应速度增加将减慢。当底物浓度增加到某种程度时，反应速度会达到一个极限，即最大反应速度（V_{max}），如图 11-1 所示。

底物浓度与酶促反应速度的这种关系可用 Michaelis-Menten 方程式表示：

$$V=\frac{V_{max}[S]}{K_m+[S]}$$

上式中 V_{max} 为最大反应速度，[S]为底物浓度，K_m 为米氏常数（Michaelis constant），而其中的 V 则表示反应的起始速度。当 $V=V_{max}/2$ 时，K_m=[S]。所以米氏常数是反应速度等于最大反应速度一半时底物的浓度。因此 K_m 的单位以物质的量浓度（mol/L）表示。

K_m 是酶重要的特征性常数，测定 K_m 值是研究酶动力学的一种重要方法，大多数酶的 K_m 值为 0.01～100mol/L。

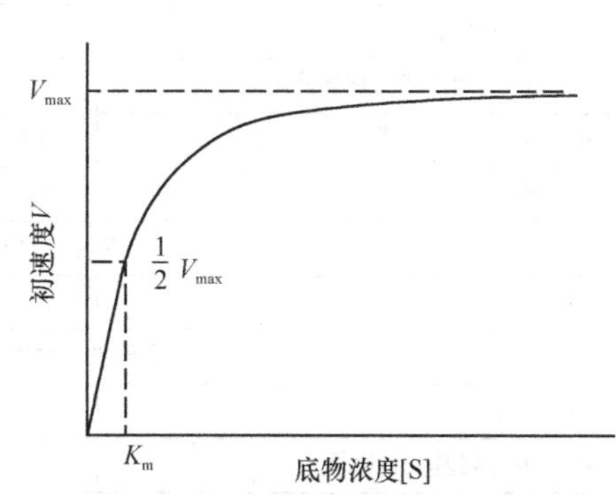

图 11-1　底物浓度对酶促反应速度的影响

酶促反应的最大速度 V_{max} 实际上不易准确测定，K_m 值也就不易准确测出。Lineweaver 和 Burk 根据 Michaelis-Menten 方程，推导出如下方程式，即

$$\frac{1}{V}=\frac{K_m+[S]}{V_{max}[S]} \text{或} \frac{1}{V}=\frac{K_m}{V_{max}}\cdot\frac{1}{[S]}+\frac{1}{V_{max}}$$

此式为直线方程，以不同的底物浓度 1/[S]为横坐标，以 $1/V$ 为纵坐标，并将各点连成一直线，向纵轴方向延长，此线与横轴相交的负截距为 $-1/K_m$，由此可以正确求得该酶 K_m 值，如图 11-2 所示。

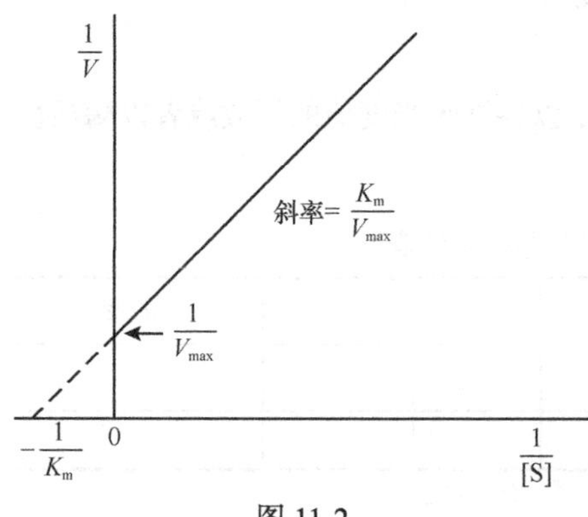

图 11-2

本实验以碱性磷酸酶为例，测定不同底物浓度的酶活性，再根据 Lineweaver-Burk 法作图，计算其 K_m 值。

可以作为碱性磷酸酶底物的物质很多，对于不同的底物有不同的 K_m 值。本实验以磷酸苯二钠为底物，由碱性磷酸酶催化水解，生成游离酚和磷酸盐。酚在碱性条件下与4-氨基安替比林作用，经铁氰化钾氧化，生成红色的醌衍生物，其颜色深浅和酚的含量成正比。根据吸光值的大小可以计算出酶的活性，也可以从标准曲线上查知酚的含量，进而计算出酶活性的大小。

反应式如下：

$$C_6H_5-O-P(=O)(ONa)-ONa + H_2O \xrightarrow{AKP} C_6H_5-OH + HO-P(=O)(ONa)-ONa$$

$$C_6H_5-OH + \text{4-氨基安替比林} \xrightarrow{K_3Fe(CN)_6} \text{醌衍生物(红色化合物)}$$

4-氨基安替比林　　醌衍生物(红色化合物)

【操作步骤】

1. 取干燥大试管 7 支，做好标记，按表 11-6 操作。

表 11-6　碱性磷酸酶米氏常数的测定

管号 / 试剂（ml）	测定管					标准管	空白管
	1	2	3	4	5	6	7
0.1mg/ml 酚标准液						0.2	
0.04mol/L 磷酸苯二钠溶液	0.1	0.2	0.4	0.8	1.0	—	—
0.1mol/L pH10 的碳酸盐缓冲液	0.7	0.7	0.7	0.7	0.7	0.7	0.7
蒸馏水	1.1	1.0	0.8	0.4	0.2	1.1	1.2
混匀，37℃水浴中保温 5min							
血清	0.1	0.1	0.1	0.1	0.1	—	0.1
加入血清（含碱性磷酸酶）立即计时，各管混匀，37℃准确保温 15min							
碱性溶液	1	1	1	1	1	1	1
0.3%的 4-氨基安替比林	1	1	1	1	1	1	1
0.5%的铁氰化钾溶液	2.0	2.0	2.0	2.0	2.0	2.0	2.0

2. 加入血清后的 15min 保温时间需精确计时，标准管不必在水浴中保温。

3. 保温结束后加入碱性溶液 1.0ml 以终止反应。

4. 各管中分别加入 0.3% 4-氨基安替比林 1ml 和 0.5%铁氰化钾溶液 2ml。迅速混匀，放置 10min，以空白管调零，510nm 波长比色读取各管吸光度。

【计算】

填写表 11-7，以各管基质浓度的倒数 1/[S]为横坐标，以各管吸光度值的倒数或者以酶活性单位的倒数 $1/V$ 为横坐标，作图求出 K_m 值。

表 11-7　碱性磷酸酶米氏常数测定的数据统计表

管号	1	2	3	4	5	标准管
底物浓度[S]（mol）						—
1/[S]						—

续表

管号	1	2	3	4	5	标准管
吸光度（A）						
$1/A$						
反应速度 V（mg 酚/min · ml）						—
$1/V$						—

【说明】

1. [S]计算方法：$\frac{0.04\text{mol/L}\times\text{底物体积}}{2\text{ml}}$

2. 1/[S] = 50/底物体积

3. V（mg 酚/min · ml）计算方法：$\frac{\frac{OD_{测}}{OD_{标}}\times 0.1\text{mg/ml}}{15\,\text{min}}$

4. $1/V=150\times OD_{标}/OD_{测}$

【注意事项】

1. 各样品取样量及保温时间要准确。

2. 各管按横向相同顺序进行加样。

3. 所用试管必须干净，而且要干燥。

【试剂】

1. 0.04mol/L 基质（磷酸苯二钠溶液）：先煮沸蒸馏水 1000ml 以消灭微生物，冷却后迅速加入二水磷酸苯二钠 10.16g 或无水磷酸苯二钠 8.72g，定容至 1000ml。冷却后加入 4.0ml 氯仿防腐，置棕色瓶中，冰箱内保存可用 1 周。根据需要量临用前倒出，倒出后不应倒回瓶中。

2. 0.1mol/L 碳酸盐缓冲液 pH 10（37℃）：称取无水碳酸钠 6.36g，碳酸氢钠 3.36g，溶于蒸馏水中稀释至 1000ml。

3. 4-氨基安替比林（0.3%）：称取 4-氨基安替比林 3.0g 溶于蒸馏水 800ml 中，将此溶液定容至 1000ml，置棕色瓶中冰箱保存。

4. 0.5%铁氰化钾溶液：称取铁氰化钾 5g 和硼酸 15g 各溶于 400ml 蒸馏水中，再加蒸馏水至 1000ml，置棕色瓶中，4℃保存。

5. 碱性溶液：量取 0.5mol/L NaOH 溶液与 0.5mol/L Na_2CO_3 溶液各 20ml，混合后加蒸馏水至 100ml。

6. 酚标准液（1.0ml≈0.10mg）

（1）称取结晶酚 1.50g，溶于 0.1mol/L HCl 溶液，定容至 1000ml 为储存液。

（2）标定：取 25ml 上述储备液，加 0.1mol/L NaOH 溶液 55ml，加热到 65℃。再加入 0.1mol/L 碘液 25ml，盖好放置 30min，加浓 HCl 15ml，再以 0.1%淀粉作指示剂，用 0.1mol/L 硫代硫酸钠滴定，反应如下：

根据反应，3 分子碘（M_w=254）与一分子酚（M_w=94）起作用，因此每毫升 0.1mol/L 碘液（含碘 12.7mg）相当于酚的毫克数为 12.7×94/3×254=1.567。若 25ml 碘液中被硫代硫酸钠滴定者为 x ml，则 25ml 酚溶液中所含酚量为 1.567mg×（25−x）。

（3）应用时，按标定结果用蒸馏水稀释至 0.1mg/ml 作为标准液。

【器材】

水浴箱、可见分光光度计、移液器。

【思考题】

1. 测定酶促反应的 K_m 和 V_{max} 的意义是什么？
2. 加入酶液（血清）之前为何要预温 5min？
3. 两次 37℃保温时间如果不准确，对实验结果会产生什么影响？

（尹晓敏）

第三部分　分子生物学实验原理与技术

第十二章　基因工程基本技术

概　　述

通过切割和连接将不同来源的 DNA 分子重新组合，形成新的 DNA 分子，这一过程称为 DNA 体外重组。20 世纪 70 年代限制性内切酶的发现使我们能够对 DNA 进行定点切割，而质粒载体的应用使我们能够利用原核生物大量地扩增 DNA。1973 年，Boyer 和 Cohen 运用限制性内切酶和 DNA 连接酶，首次实现了 DNA 的体外重组。随后，他们又将外源基因插入质粒载体，并导入大肠杆菌细胞，实现了基因表达，首次取得了基因转移的成功，宣告了基因工程的诞生。自此以后，DNA 体外重组与基因工程技术获得飞速发展，很多新的工具酶、载体和技术手段相继诞生，使基因的分离、扩增、重组和导入等变得非常便捷。基因工程技术逐步从一种高难度的尖端技术演变为应用更为广泛的基本分子生物学实验技术。

基因工程技术的内容包括基因的克隆与基因的表达。基因克隆的主要工作是通过限制性内切酶切割、PCR 扩增或人工合成等方法获得特定基因的 DNA 片段，利用 DNA 重组技术连接进入质粒等载体，将其导入受体细胞，在受体细胞中大量复制，以获得单一 DNA 分子的大量拷贝。克隆的基因可用于基因的分析、基因的改造与基因的表达。基因表达的主要工作是将基因连接进入质粒或重组病毒等表达载体，将其导入受体细胞，使外源基因在受体细胞中得到表达。

基因工程的基本步骤包括：获得基因、连接基因进入质粒载体、载体导入受体细胞、重组质粒筛选、基因序列分析、基因亚克隆到表达载体、基因诱导表达、表达产物的纯化等。

目前常用的获得基因的方法是 PCR 或逆转录 PCR（RT-PCR）。利用 PCR 技术可直接自基因组 DNA 扩增获得目的基因，但不适用于扩增含有内含子的真核细胞基因。获取真核细胞基因应首先将信使 RNA（mRNA）逆转录为互补 DNA（cDNA），再进行 PCR 扩增。在 PCR 引物设计时常常可在引物末端添加特定的限制性内切酶识别序列，以利于后续的酶切和连接。

基因克隆常用的载体是质粒。因质粒的相对分子质量小，进行 DNA 的切割和连接等操作非常便捷。导入细菌的方法非常简单，在细菌中复制的拷贝数高，便于后续的操作。此外，在特殊情况下也可利用如 λ 噬菌体、酵母人工染色体等载体进行基因的克隆。

PCR 产物连接进入载体可通过两种方式。比较经典的方式是用两种不同的酶切开质粒 DNA，同时用这两种酶切割 PCR 产物，再用连接酶连接。这种方法称为定向克隆，其特异性好、成功率高，但方法比较烦琐。另一种比较常用的替代方法是利用 PCR 产物 3′末端会添加 poly A 的特点，用商品化的 T 载体进行克隆。这种方法比较简便，但往往非特异的连接较多，后续的筛选必不可少。

连接产物转化到宿主菌的常用方法是氯化钙法。这种方法非常简单，成功率高，转化效率可满足一般基因导入的需要。如需获得更高的转化效率，可选择电转化等比较复杂的方法。获得质粒的宿主菌在抗性平板上可以繁殖形成单菌落，质粒在宿主菌中复制获得大量的拷贝。挑选单克隆，筛选得到阳性的重组质粒，即某基因的克隆。基因克隆载体复制的拷贝数高，利于基因的扩增和序列分析。克隆的基因一般应进行测序，确认序列正确，然后进一步自载体上切割下来，连接到表达载体进行表达。在某些情况下，PCR 产物也可经过酶切后直接连接进入表达载体，省略掉亚克隆的步骤。

原核细胞的表达载体一般是质粒，真核细胞的表达载体则往往是重组病毒。其中，原核表达系统操作方便，表达产量比较高，成本比较低廉，是基因表达的首选。将已经克隆的基因重新连接进入表达载体称为亚克隆，即将目的基因自克隆载体上切割下来，再连接进入表达载体。如果在 PCR 扩增时已经设计好相应的酶切位点，则切割连接的操作非常简单。如果没有设计酶切位点，也可以利用表达载体多克隆位点上的酶切位点，因为需要顾及阅读框的匹配，可选择的余地比较有限。

重组的表达载体导入宿主菌后一般也要经过筛选，筛选得到正确的重组载体即可进行诱导表达。利用 pGEX 或 pET 等系列载体经异丙基-β-*D*-硫代半乳糖苷（IPTG）诱导常常可以获得大量的表达产物，通过常规的 SDS-PAGE 即可检测到相应的蛋白条带。这两类载体表达形成的融合蛋白均包含特定的标签，可以进行亲和纯化。由于蛋白表达量高，常常可以形成包含体，也可通过包含体的方式进行纯化。

本章的内容包含 8 个连续的实验：质粒 DNA 的纯化与酶切鉴定；RNA 的抽提纯化；逆转录 PCR 扩增目的基因；基因的连接与转化；重组质粒的筛选与鉴定；重组蛋白的诱导表达与初步纯化。这 8 个实验涵盖了 DNA 重组技术的基本方法与基因工程的一整套流程。通过完成基因克隆与表达的工作，可以使学生理解并掌握基因工程的基本思路和分子生物学的核心技术。根据实验课时不同可自由组合，开设其中的几个实验，如质粒 DNA 的纯化与酶切鉴定、PCR 扩增目的基因和基因克隆系统实验。

系列实验的内容不是一成不变的，在不改变基本实验方法的前提下，很多环节可以由教师或学生进行重新设计。比如：可以根据需要选择不同的质粒载体进行 DNA 纯化；可以选择不同的实验动物或不同的组织抽提纯化 RNA；可以根据具体的需要设计不同的引物扩增任意一种目的基因；连接时可以采用定向克隆的方法或 T 载体的方法；可以将目的基因连接到克隆载体或直接连接进入表达载体；可以根据最初的设计选定重组质粒的筛选方法；可以根据需要选择不同的表达载体；可以选择不同的蛋白纯化方式等。

（殷冬梅）

实验 11　大肠杆菌感受态的制备及质粒转化

【目的与要求】

掌握大肠杆菌感受态细胞的制备及转化的方法和技术。

【实验原理】

自然情况下核酸分子无法自行进入细菌，通常需要借助特定的方法，使细胞膜的通透性暂时性增加，允许核酸进入细胞内，这种细胞称为感受态细胞，即细菌处于容易吸收外源 DNA 的状态。感受态细胞的制备往往选取处于对数生长期早、中期的大肠杆菌细胞。

转化是指将质粒 DNA 或以其为载体构建的重组子导入细菌的过程。其原理是细菌处于 0℃ $CaCl_2$ 低渗溶液中，细胞膨胀成球状，转化混合物中的 DNA 形成抗 DNA 酶（DNase）的羟基-钙磷酸复合物黏附于细胞表面，经 42℃短时间热冲击处理，促进细胞吸收 DNA 复合物。将细菌放置在非选择性培养基中孵育一段时间，促使其在转化过程中获得的新表型（如 AMP^r 等）得到表达，然后将此细菌培养物涂在选择性培养基上。在选择性培养基平板上挑选所需的转化子。将连接产物转化到感受态细胞中，实现重组克隆的增殖，便于后续分子操作。可以采用多种方法筛选和鉴定目的克隆。

根据原理不同可以将转化方法分成两类：热激法和电转化法。

热激法：大肠杆菌在 0℃ $CaCl_2$ 低渗溶液中，细菌细胞膨胀成球形，转化混合物中的 DNA 形成抗 DNase 的羟基-钙磷酸复合物黏附于细胞表面。

电转化法：外加于细胞膜上的电场造成细胞膜的不稳定，形成电穿孔，不仅有利于离子和水进入细菌细胞，也有利于 DNA 等大分子进入。同时，DNA 在电场中形成的极性对于其运输进入细胞也是非常重要的。

【操作步骤】

1. 大肠杆菌感受态的制备（$CaCl_2$ 法）

（以下实验过程注意无菌操作，避免杂菌污染）

（1）大肠杆菌培养：从 LB 平板上挑取新活化的 *E.coli* Top10 单菌落，接种于 3ml LB 液体培养基中，37℃下振荡培养 12h。

（2）将大肠杆菌以 1：50 的比例接种于 50ml LB 液体培养基中，37℃振荡培养 1h 左右至 $OD_{600}\approx0.4$，细菌处于对数生长期的早期，此时制备的感受态细胞转化效果较高。

（3）将菌液转移至 50ml 离心管中，冰上放置 10min。4℃，3000r/min 离心 5min，弃上清液。

（4）用 25ml 预冷的 0.1mol/L $CaCl_2$ 溶液悬浮菌体，用移液器缓慢吹打混匀（不能用振荡器），于冰水浴中静置 30min。经 $CaCl_2$ 溶液处理后，细菌成为非常脆弱的原生质体，应始终放置于冰水浴中。如果温度升高，将导致细菌大量死亡。

（5）4℃，3000r/min 离心 5min，弃上清液。

（6）加入 2ml 预冷的含 15%甘油的 0.1mol/L $CaCl_2$ 溶液，用移液器轻轻吹打以悬浮细胞，冰上放置 2h 后即为感受态细胞悬液，分装为 100μl/管，储存于−70℃冰箱，保持期限可达半年。

2. 质粒 DNA 的转化

（1）取出制备好的感受态细胞，放在冰上复苏 5～10min。

（2）将质粒 2μl 或 DNA 连接产物 5μl 加入感受态细胞中，轻轻混匀后置于冰上 30min。

（3）热激：将离心管放入 42℃水浴锅中热激 90s（精确）。

（4）冰浴：取出后立即放入冰上冷却 2～3min。

（5）复苏：每管加入 500μl LB 液体培养基（在超净台上操作），放于 37℃摇床，慢摇 45～60min，使细菌复苏。

（6）2000r/min，离心 1min，用移液器移去部分上清液，保留 80～100μl，重悬菌体（轻缓）。

（7）吸取转化的重悬菌液，涂布于含抗生素（氨苄青霉素）的 LB 平板上（在超净台上无菌操作）。

（8）待液体吸收后倒置放入 37℃恒温箱培养过夜。

（9）第二天观察结果。

【实验结果】

可以在平板上看到长出许多菌落，说明转化成功。因为质粒中含有抗氨苄青霉素的抗性，所以在含有氨苄青霉素的平板上可以长出它的菌落，而其他不含氨苄青霉素抗性的菌（不需要的杂质）则不会生长，挑取单克隆培养，进行质粒抽提。

【注意事项】

1. 感受态细胞培养时间不能过长，使其 $OD_{600}=0.3\sim0.4$。

2. 42℃水浴时间一定要准确，为 90s，且不能摇动。

3. 加入抗生素后要混匀，培养皿要倒置，培养时间不得超过 20h。
4. 感受态细胞制备均在无菌条件和冰上进行。

【试剂】

LB 培养基，带有氨苄青霉素的琼脂平板，*E. coli* Top10 菌株，0.1mol/L $CaCl_2$ 溶液，0.1mol/L $CaCl_2$ 溶液（含 15%甘油）。

【器材】

移液器、离心管、玻璃涂菌棒、低温冷冻离心机、水浴箱、无菌操作台、摇床、可见分光光度计。

【思考题】

1. 成功制备感受态细胞的要点是什么？
2. 简述 $CaCl_2$ 法制备感受态细胞以及 DNA 转化的过程和原理。
3. DNA 转化后的细菌在复苏时为什么不能使用含有抗生素的培养基？
4. 转化时如何设置对照。

（殷冬梅）

实验 12　质粒 DNA 提取、浓度测定与纯度鉴定

【目的与要求】

1. 学习碱裂解法对大肠杆菌中质粒 DNA 的抽提和纯化。
2. 掌握质粒 DNA 的小量制备方法和原理。

【实验原理】

质粒是存在于细菌染色体外的能够独立复制的一类双链环状的小分子 DNA。质粒广泛应用于基因的克隆、测序、表达等工作。

所有分离质粒 DNA 的方法都包括 3 个基本步骤：培养细菌使质粒扩增；收集和裂解细菌；分离和纯化质粒 DNA。本实验采用碱裂解法抽提质粒，在 pH 12.0～12.6 的碱性环境中，细菌线性的大分子量染色体 DNA 变性分开，而共价闭环的质粒 DNA 虽然变性但仍处于拓扑缠绕状态。将 pH 调至中性并在高盐及低温的条件下，大部分染色体 DNA、大分子量的 RNA 和蛋白质在去污剂 SDS 的作用下形成沉淀，而质粒 DNA 仍然为可溶状态。通过离心，可除去大部分细胞碎片、染色体 DNA、RNA 及蛋白质，而质粒 DNA 尚在上清液中，然后用吸附柱层析进一步纯化，最后经乙醇洗涤处理，洗脱得到质粒 DNA。

纯化的质粒 DNA 有 3 种存在形式：①共价闭环 DNA，即超螺旋形式；②开环 DNA，即质粒 DNA 的两条链中有一条发生一处或多处断裂，可以自由旋转从而消除张力，形成松弛的环状分子；③线状 DNA，因质粒的两条链在同一处断裂而造成。如果质粒 DNA 在纯化过程中没有遭受破坏，则主要以闭环形式存在，在电泳检测时呈现单一条带。若遭受不同程度的破坏，则有可能出现开环或线状条带。在电泳时，闭环状态泳动最快，开环状态泳动最慢，线状居于两者之间。本实验中要求获得高纯度的闭环质粒，经琼脂糖凝胶电泳检测为单一条带。一般不应出现开环或线状，也不应出现 RNA 条带。

核酸中的碱基在 260nm 波长有一个吸收高峰，常用于对核酸进行定量分析。一般对纯净的核酸而言，在 260nm 波长产生 1 个 OD 值的浓度分别为 DNA 50μg/ml、RNA 40μg/ml。蛋白质一般在 280nm 波长有一个吸收高峰，分别测定核酸溶液在 260nm 和 280nm 的吸光度，两者的比值可以反映核酸的纯度。DNA 纯度可以 A_{260}/A_{280} 值表示：纯 DNA 样品比值为 1.8，纯 RNA

样品比值为 2.0；若核酸样品中含有蛋白质或苯酚等杂质，则比值显著降低；若核酸降解较多，则比值升高。

【操作步骤】

1. 抽提质粒

（1）接种新鲜的单个含质粒的菌落至 3～4ml 的 LB 培养基（含适量抗生素），37℃振荡培养 14～16h。取 1ml 过夜培养物，室温 8000r/min 离心 1min，收集菌体，并尽可能吸去上清液。注：残留的液体培养基容易导致菌液裂解不充分，第 5 步离心后沉淀较松，不能有效吸取上清液。

（2）加入 250μl Buffer A1[确保已加入核糖核酸酶（RNase）A]，用移液器或涡流振荡器充分悬浮细菌细胞。

注：细菌细胞如果没有充分悬浮均匀，将导致菌体裂解不完全，从而降低产量。

（3）加入 250μl Buffer B1，轻轻地颠倒 5～10 次以混合均匀，然后静置 2～5min 至溶液黏稠而澄清。

注：切勿剧烈振荡。静置时间不要超过 5min，时间过长会导致基因组 DNA 污染或质粒受到损伤。若溶液未清亮澄清，则表明菌体裂解不充分，应加大 Buffer B1 的用量或减少菌体量。

（4）加入 350μl Buffer N1，立即颠倒多次，至溶液充分混匀，此时出现白色絮状沉淀。

注：使用前将 Buffer N1 预冷或在加入裂解液后在冰上放置 1 min 以减少蛋白漂浮。

（5）将离心管转至高速离心机，在室温下 13 000r/min 离心 10min（若上清液中有白色沉淀，可再次离心）。

（6）小心吸取离心后的上清液 500μl 至带有收集管的 DNA 柱中（避免吸起沉淀），室温下 13 000r/min 离心 1min，倒掉收集管中的废液，将离心柱重新放回到收集管中。

（7）可选：向 DNA 柱中加入 500μl Buffer KB，室温下 13 000r/min 离心 1min，倒掉收集管中的废液，将离心柱重新放回到收集管中。

注：此步对富含内源核酸酶的宿主菌（*endA+*）来说是必需的，如 HB101、JM101、TG1 等；对 *endA–*来说是可以省略的，如 *E. coli* Top10 和 *E. coli* DH5α 等。对未知的野生菌最好请进行此步操作。

（8）向离心柱中加入 500μl DNA 清洗缓冲液（Wash Buffer）（确保已加入无水乙醇），室温下，13 000r/min 离心 1min，倒掉收集管中的废液，将离心柱重新放回收集管中。重复步骤 8。

（9）将离心柱放回高速离心机中，13 000r/min 室温下开盖离心 2min，以彻底去除残留的乙醇。

注：此步骤中开盖离心会更有效地去除残留的乙醇，乙醇是否去除干净将会影响最后的洗脱效率。

（10）将离心柱转至一个新的 1.5ml 离心管中，向 DNA 柱的正中间加入 30～50μl 的 ddH_2O（pH 为 7.0～8.5）或洗脱缓冲液（Elution Buffer），室温放置 2min，13 000r/min 离心 1min，洗脱质粒 DNA。将洗脱液再加入到柱中，在 13 000r/min 离心 1min，收集洗脱液。洗脱液于–20℃储存。

2. 测定质粒 DNA 浓度与纯度　利用紫外-可见分光光度计分别测定 DNA 在波长 260nm、280nm 的吸光度及其比值，然后确定 DNA 的浓度与纯度。

3. 琼脂糖凝胶电泳检测

（1）制备 1%琼脂糖凝胶：取 0.5g 琼脂糖溶解于 50ml 0.5×TBE 电泳缓冲液中，在微波炉中加热 2min 使其溶化，稍等微温未凝时，加入溴乙锭溶液 2μl 作为显色剂，混合均匀并灌制琼脂糖凝胶。

（2）取质粒 DNA 溶液 5μl，加入 1μl 上样缓冲液，混匀，上样。当指示剂移动至凝胶 2/3 处，停止电泳。

（3）紫外透射仪观察结果。

【注意事项】

1. 菌液离心时间太长，会影响下一步的菌体悬浮。

2. 加入溶液 Buffer A1 后要彻底悬浮细菌沉淀，如果有未彻底混匀的菌块，会影响裂解，导致提取量和纯度偏低。

3. 加入溶液 Buffer B1 后温和地混合，不要剧烈振荡，以免打断基因组 DNA，造成提取的质粒中混有基因组 DNA 片段；严格控制碱变性时间，不能超过 5min。因为质粒处于强碱性环境中时间过长，可发生不可逆变性。

4. 加入溶液 Buffer N1 后应立即混合，避免产生局部沉淀。

5. 漂洗后要让乙醇充分挥发（不要过分干燥），残留的乙醇会影响后续的酶切反应。

6. 洗脱液应加在硅胶膜中心部位，以确保洗脱液完全覆盖硅胶膜的表面，达到最大洗脱效率。

【试剂】

1. 小量质粒提取试剂盒。

2. 含质粒的 *E.coli* DH5α 菌株。

3. LB 液体培养基（Amp^-）：称取酵母提取物 5g，胰蛋白胨 10g，NaCl 10g，溶解于约 900ml 去离子水中，用 5mol/L NaOH 溶液调节 pH 为 7.0，加水定容至 1000ml，高温灭菌 15min。

4. TBE 电泳缓冲液（5×TBE）：称取 Tris 54g，硼酸 27.5g，$EDTA\text{-}Na_2 \cdot 2H_2O$ 4.65g，用去离子水定容至 1000ml，使用时用去离子水稀释 10 倍。

5. 琼脂糖。

6. 溴乙锭或 Gel Red（一种 DNA 染料）。

【器材】

微量移液器（100μl，1000μl）、台式高速离心机、旋涡振荡器、微波炉、紫外透射仪、耗材（吸头、EP 管等）、电泳仪及电泳槽。

【思考题】

1. 简要叙述溶液 Buffer A1、溶液 Buffer B1 和溶液 Buffer N1 的作用。实验中加入溶液 Buffer A1、Buffer B1、Buffer N1 后，反应体系出现的现象。

2. 为什么加入溶液 Buffer A1 后可以剧烈振荡，而加入 Buffer B1、Buffer N1 后要温和颠倒？

（张亚莉）

实验 13 重组质粒 DNA 的酶切鉴定

【目的与要求】

1. 了解限制性内切酶的性质。

2. 学习用琼脂糖凝胶电泳分离 DNA。

3. 通过限制性内切酶的酶切和琼脂糖凝胶电泳，鉴定质粒 DNA。

【实验原理】

限制性核酸内切酶是一种工具酶，它是能够识别 DNA 的特异序列，并在识别位点或其周围切割双链 DNA 的核酸水解酶，它存在于微生物中，与甲基化酶共同构成细菌的限制修饰系统，限制外源 DNA，保护自身 DNA，是微生物的一种天然防御机制。

限制性核酸内切酶特异识别、结合并切断的一段 DNA 序列被称为限制性酶切位点，如 *Bam*H Ⅰ和 *Eco*R Ⅰ的酶切位点分别是

*Bam*H Ⅰ：G↓GATCC

*Eco*R Ⅰ：G↓AATTC

上述核苷酸序列表示酶的识别序列，箭头表示酶切口。限制性核酸内切酶对环状质粒 DNA 有多少切口，就能产生多少酶切片段，因此鉴定酶切后的片段在琼脂糖凝胶中的区带数，就可以推断酶切口的数目，与已知分子量的 DNA 标记（DNA marker）对照，可以判断酶切片段的大小。

凝胶电泳是研究核酸、蛋白质等生物大分子的一项重要技术，也是 DNA 的限制性核酸内切酶切割片段分析、分离、纯化的一种不可或缺的方法。以琼脂糖凝胶为支持介质的电泳已广泛应用于核酸研究中，琼脂糖凝胶电泳技术已成为 DNA 分子及其片段分子量测定和 DNA 分子构象分析的重要手段。

在 pH 8.0 的缓冲液中，核酸带负电，在电场中向正极移动。琼脂糖凝胶具有多孔的网状结构，以其为介质电泳时，由于分子筛效应，可将分子大小和构象不同的核酸分子分离，用 Gel Red 染色后，形成一种荧光络合物，在紫外灯的照射下，呈现有色的荧光，可用于检测 DNA。

琼脂糖凝胶可用于垂直管型电泳，也可用于平板型电泳（包括垂直板型和水平板型）。而平板型电泳这一技术具有更多的优点，它可将多个样品与标准样品在同一凝胶板上进行电泳，从而使得各个样品的电泳条件完全一致，便于对多种实验样品进行比较。本实验采用的是水平板型电泳。

【操作步骤】

1. 酶混合物的制备　1.5ml 的 EP 管中加入：

试剂	体积
ddH_2O	60μl
10×Buffer K	20μl
*Eco*R Ⅰ	10μl
*Bam*H Ⅰ	10μl
混匀，短暂离心	100μl

2. 酶切反应　0.2ml 的 EP 管中加入：

试剂	体积
酶混合液	10μl
质粒 DNA	10μl

混匀，短暂离心后 37℃水浴 1h

3. 琼脂糖凝胶板的制备　称取琼脂糖 1g 加入盛有 100ml 0.5×TBE 缓冲液的锥形瓶中，用微波炉加热至完全溶解，冷却到 60℃，加入 6μl Gel Red，混匀后倒入封好的凝胶槽，厚度 3～5mm，然后，放置样品梳，检查梳子齿间有无气泡，待凝胶冷却成形后取出梳子及封住凝胶槽的胶布，将凝胶板放入水平电泳槽中，倒入 0.5×TBE 缓冲液至淹没胶面 1～2mm。

4. 加样　在样品中加入 2μl 上样缓冲液，混匀，取 10μl 酶切产物加入凝胶点样孔中。同时，加 DNA marker 作为分子量标准物。

5. 电泳　电压 100 V 进行电泳，至溴酚蓝移出样品槽至凝胶板的 2/3 距离时，关闭电源，于紫外灯下观察结果。

【注意事项】

1. 取样准确，注意加样顺序。点样时细心，电泳前确认样品位于电场负极。

2. 凝胶浓度的选择根据样品 DNA 分子大小而定，所以电泳前应对 DNA 片段大小有粗略的估计。

3. 吸取不同试剂要换用新的枪头，防止污染其他试剂。

4. 酶切反应液混合均匀。

5. 限制性核酸内切酶在–20℃保存，用完后及时放入冰箱，防止酶失活。

6. 每一种限制性内切酶均有其最适缓冲液，其 pH、离子强度等有所不同。在进行双酶切时，应选用对于这两种内切酶均合适的缓冲液。

【结果分析】

1. 记录紫外透射仪上观察到的结果。

2. 分析实验结果的成因。

【试剂】

1. TBE 电泳缓冲液（5×TBE）：称取 Tris 54g，硼酸 27.5g，EDTA-Na_2 · $2H_2O$ 4.65g，用去离子水定容至 1000ml，使用时用去离子水稀释 10 倍。

2. 琼脂糖。

3. 限制性内切酶 *Eco*R Ⅰ、*Bam*H Ⅰ及酶切缓冲液 10×Buffer。

4. DNA marker：λ-*Eco*T14 Ⅰ digest DNA marker。

5. Gel Red。

【器材】

水平电泳装置、电泳仪、微波炉、微量移液器、紫外透射仪。

【思考题】

1. 质粒 DNA 酶切不完全的可能原因有哪些？

2. 如果质粒 DNA 酶切电泳后，在凝胶上出现：①没有条带；②一条带；③两条带；④三条带；⑤多条带，请解释可能的原因。

（吴娟娟）

实验 14 聚合酶链反应（PCR）扩增基因

【目的与要求】

1. 掌握 PCR 反应的基本原理与实验技术。

2. 了解 PCR 的应用范围。

【实验原理】

聚合酶链反应（polymerase chain reaction，PCR），是一种体外扩增 DNA 的方法。PCR 使用一种耐热的聚合酶以及两种含有 20 个左右碱基的单链引物，经过高温变性将模板 DNA 分离成两条链，再低温退火使得引物和一条模板单链结合，然后在适合的温度下延伸，紧接着反应体系中的游离核苷酸引物从 5′端到 3′端合成一条互补的新链。而新合成的 DNA 又可以继续进行上述的循环，因此 DNA 的数目不断地倍增。其基本原理及过程如下：

（1）变性：加热使模板 DNA 在高温下（94℃）变性，双链间的氢键断裂而形成两条单链，即变性阶段。

（2）退火：溶液温度降至45～65℃，模板DNA与引物按碱基互补配对原则结合，使得引物与模板链3′端结合，形成部分双链DNA，即退火阶段。

（3）延伸：溶液反应温度升至72℃，耐热DNA聚合酶以单链DNA为模板，利用引物的3′-OH，以反应混合物中的4种脱氧核苷三磷酸（dNTP）为底物，按5′到3′方向复制出互补DNA，即引物的延伸阶段。

上述3步为一个循环，即DNA变性、引物退火和反应延伸三个阶段。从理论上讲，每经过一个循环，样本中的DNA量应该增加1倍，新形成的链又可成为新一轮循环的模板，经过25～30个循环后DNA可扩增10^6～10^9倍。

典型的PCR反应体系由如下组分组成：DNA模板、反应缓冲液、dNTP、$MgCl_2$、上游引物、下游引物、耐热的*Taq* DNA聚合酶。

【操作步骤】

1. 依次向PCR管中加入如下试剂（在冰上操作，总反应体系为20μl），混匀，离心，置PCR仪。

试剂	体积
DNA模板	2μl（重组质粒作为模板1μl）
上游引物	0.5μl
下游引物	0.5μl
2×PCR混合物	10μl
无菌水	7μl
	20μl

2. PCR反应，反应程序如下（约1h）：

温度	时间	
95℃	5min	
95℃	15s	×28个循环
68℃	1min	×28个循环
72℃	7min	
4℃	∞	

3. PCR产物分析，取5～10μl扩增产物用1%琼脂糖凝胶进行电泳分析，于紫外透射仪下观察结果。

【注意事项】

1. PCR反应的各种成分不能遗漏，操作应戴手套，冰上操作。
2. 使用的全部溶液都应该没有RNA和RNA酶的污染。

【试剂】

DNA模板（30ng/μl）、两条特异性引物、2×PCR混合物（*Taq* DNA聚合酶、反应缓冲液、dNTP、$MgCl_2$）、超纯水、DL2000（DNA marker）。

【器材】

9700 PCR热循环仪、电泳仪和水平平板电泳槽、紫外透射仪、移液器（2.5μl、10μl）、耗材（10μl吸头、200μl EP管）。

【思考题】

1. 影响PCR反应效率的因素有哪些？如何根据实验结果优化PCR反应体系？
2. 分析实验结果并阐述可能原因。

（周亚军）

附录：PCR 引物的设计

PCR 引物设计的目的是找一对合适的核苷酸片段，使其能有效地扩增模板 DNA 序列。因此引物的优劣直接关系到 PCR 的特异性和成功与否。

（一）PCR 引物设计的原则

1. 引物应具有特异性，采用核酸序列保守区内设计；
2. PCR 产物不能形成二级结构；
3. 引物长度一般在 15～30 碱基；
4. G+C 含量在 40%～60%之间；
5. 碱基要随机分布；
6. 引物自身和引物之间不应存在互补序列；
7. 引物 5'端可以修饰；
8. 引物 3'端不可修饰。

（二）引物设计所要考虑的问题

1. 酶切位点 如果 PCR 产物要连接到载体，则载体上应有这两个酶切位点，查看载体图谱，两个酶的距离不能太近，否则导致双酶切效果不好。

2. 酶的选择 最好使用双酶切效果高的酶，两个酶具有共同的酶切缓冲液，较常用的酶如 *Hind* Ⅲ，*Bam*HⅠ，*Eco*RⅠ等。

3. T_m 的计算 T_m 是由互补的 DNA 区域决定的。一般控制在 55℃以上，具体根据 PCR 的情况而定，对于某些困难的 PCR，需要适当提高 T_m，再加上酶切位点和保护碱基，这样的引物通常是可用的。

T_m 高的引物比较容易克服 3'发夹、二聚体及 3'非特异结合等问题。简单的计算公式用 2+4 的公式：T_m =4℃（G+C）+2℃（A+T）。一般设计了带酶切位点的引物，总长 29～30 个碱基，去掉酶切位点和保护碱基，则有 17～22 个碱基。

其他关于 T_m 值的计算，有用 PP5.0 进行评价的，需要考虑 base number、GC%、T_m、hairpin、dimer、false priming、cross dimer 等参数。

4. 退火温度 一般退火温度为 T_m−5℃，退火温度的计算可以不把加入的酶切位点及保护碱基考虑进去，PCR 几个循环后，引物外侧的序列已经掺入了扩增片段中，所以可以在预变性后多加几个循环，温度比预先计算 T_m 值低些（这样可能会增加非特异性），T_m 值是包括酶切位点及保护碱基的引物（primer）计算出来的。

5. 5'端保护碱基 一般在 5'端加保护碱基，如果扩增后把目的条带经凝胶电泳回收转入 T 载体或者其他载体的话，酶切时可以不加保护碱基。

6. 引物二聚体 关于引物二聚体，最好用 primer 或其他设计引物的软件进行计算，引物之间的 ΔG（自由能）的绝对值如果小于 10，一般是有问题的。如果稍大，PCR 时可以适当提高退火温度。如果 3'端形成二聚体，自由能绝对值较大，并且 PCR 没有条带，建议重新设计引物。

7. 引物的设计 在设计酶切位点时，最好尽可能多地利用引物本身的碱基。这是因为，一个特异性引物一般都是 20bp 左右，加上酶切位点序列和保护性碱基，即 28bp 左右。而我们设计的退火温度，与引物的长度有关，比正常引物（20bp）的 T_m 要高一些。如果能利用引物自身的部分序列，就可以有效地减少引物的长度。

另外，有些酶是离不开末端序列的，因此，在设计一个酶切位点时，最好把该酶的性质弄清楚。设计时限制性酶切位点应该在 5'端的顶端。在设计引物时，常在 5'端添加酶切位点，以利于 PCR 产物连接到载体。

设计引物时保证在最后 5 个核苷中含有 3 个 A 或 T。先用软件设计出合适的引物，引物的 3′端是引发延伸的起点，因此一定要与模板准确配对，应尽量避免在引物 3′端的第一位碱基是 A（容易错配）。引物 3′端最佳碱基的选择是 G 和 C，因为它们形成的碱基配对比较稳定。

（殷冬梅　翟旭光）

实验 15　动物组织总 RNA 的提取

【目的与要求】

1. 掌握真核细胞总 RNA 提取的方法与注意事项。
2. 了解真核细胞总 RNA 提取的原理。

【实验原理】

在真核生物中，绝大多数基因含有内含子，因此不能直接由基因组克隆目的基因的编码区序列。提取总 RNA 并逆转录形成 cDNA 或构建 cDNA 文库是获取真核生物表达基因谱的主要手段。获得目的基因尤其是真核生物基因的最常用的方法是从该基因的 mRNA 逆转录得到其 cDNA，将 cDNA 作为 PCR 扩增目的基因的模板，因此常需要从相应的组织或细胞中分离总 RNA 或进一步纯化 mRNA。

RNA 提取技术不仅是分子生物学技术的重要组成部分，也是功能基因组学科研技术的重要基础。从 RNA 水平研究生物体内基因的调控机制，已成为分子生物学研究的一个重要手段。利用提取的 RNA 人们可以对特定的基因表达进行定性和定量检测，从分子水平精确地了解细胞生命活动的规律。

通常一个典型的哺乳动物细胞约含有 10^{-5}μg RNA，其中约 82%为核糖体 RNA（rRNA，主要是 28S、18S、5.8S 和 5S 四种类型），16%为转运 RNA（tRNA）和核内小分子 RNA，2%为 mRNA。这些高丰度的 RNA，如 rRNA 的大小和序列确定，可通过凝胶电泳、密度梯度离心、阴离子交换层析和高压液相层析（HPLC）分离。而 mRNA 虽然大小和核苷酸序列各不相同，从数百至数千碱基不等，但大多数真核细胞 mRNA 在其 3′端均有一寡聚腺苷酸（polyA）组成的尾，其长度一般足以吸附于寡聚脱氧胸苷酸[Oligo（dT）]-纤维素，使得 mRNA 可以利用亲和层析法分离。这个群体编码了所有由该细胞合成的多肽。

真核细胞总 RNA 的制备方法有多种，包括异硫氰酸胍-氯化铯超速离心法、盐酸胍-有机溶剂法、氯化锂-尿素法、热酚法及 Trizol 试剂提取法等。目前实验室提取总 RNA 的常用方法为异硫氰酸胍-酚-氯仿一步法和 Trizol 试剂提取法。异硫氰酸胍法制备真核细胞总 RNA，是将已知最强的 RNA 抑制剂异硫氰酸胍、β-巯基乙醇和去污剂 *N*-十二烷基肌氨酸钠联合使用，抑制 RNA 的降解，增强核蛋白复合物的解离，使 RNA 和蛋白质分离并进入溶液，RNA 选择性地进入无 DNA 和蛋白质的水相，容易被异丙醇沉淀浓缩。本实验采用的是 Trizol 试剂提取法。Trizol 试剂中的主要成分为异硫氰酸胍和苯酚，其中异硫氰酸胍可裂解细胞，促使核蛋白体解离，使 RNA 与蛋白质分离，并将 RNA 释放到溶液中，同时还抑制 RNA 酶，防止 RNA 的降解。当加入氯仿时，它可抽提酸性的苯酚，而酸性苯酚使蛋白变性，可促使 RNA 进入水相，离心后可形成水相层和有机层，这样使 RNA 与仍留在有机相中的蛋白质和 DNA 分离开来。水相层（无色）主要为 RNA，有机层（黄色）主要为 DNA 和蛋白质。

RNA 极不稳定，易于降解，而 RNA 酶几乎无处不在，且特别稳定，故在提取 RNA 时关键因素是最大限度地避免外源性 RNA 酶的污染和抑制内源性 RNA 酶的活力，因此，创造一个无 RNA 酶的环境，严格防止 RNA 酶污染是成功提取 RNA 的关键。

1. 抑制内源性 RNA 酶 主要运用 RNA 酶抑制剂，目前常用的 RNA 酶抑制剂如下。①RNA 酶的蛋白抑制剂（RNasin），它是从人胎盘分离的一种蛋白质，可以与多种 RNA 酶紧密结合形成非共价结合的复合物，使 RNA 酶失活。RNA 酶抑制剂经数次冻融后或放在氧化条件下应弃之不用。RNA 酶抑制剂不干扰逆转录或 mRNA 在无细胞体系中的翻译。②氧钒核糖核苷复合物，它是由氧钒离子和 4 种核糖核苷之中的任意 1 种所形成的复合物，是一种过渡态类似物，能与多种 RNA 酶结合并高效抑制 RNA 酶活性。然而氧钒核糖核苷复合物能强烈抑制 mRNA 在无细胞体系中的翻译，因此必须用含 0.1%羟基喹啉的苯酚多次抽提以除之。③硅藻土，硅藻土能吸附 RNA 酶，并且在后续的 RNA 纯化过程中可经离心除去。④异硫氰酸胍，它是强力的蛋白质变性剂，在破坏细胞结构使核酸从细胞核中解离出来的同时也使 RNA 酶变性失活。⑤焦碳酸二乙酯（DEPC），它是 RNA 酶强烈抑制剂，但其作用并不是绝对的。DEPC 主要用于材料和器皿的 RNA 酶处理。⑥其他化学试剂，如 SDS、尿素等对 RNA 酶也有一定的抑制作用。

2. 防止外源性 RNA 酶污染 外源性 RNA 酶主要通过以下几个途径污染 RNA 制品：①玻璃制品、塑料制品和电泳槽；②研究人员造成的污染；③污染的溶液。因此，在实验中必须采取下列措施抑制外源性 RNA 酶污染：①实验室用的普通玻璃制品和塑料制品经常有 RNA 酶污染，使用前必须于 180℃干烤 3h 以上（玻璃制品）或用氯仿冲洗（塑料制品）。另一种方法是用 0.1%的 DEPC 水溶液浸泡玻璃制品和其他用品 2h，然后用灭菌水淋洗数次，并于 100℃干烤 15min。RNA 电泳槽需用去污剂洗涤，用水冲洗，乙醇干燥，再浸泡于 3%过氧化氢（H_2O_2）溶液 10min，然后用 0.1% DEPC 水彻底冲洗电泳槽。灭菌的一次性使用的塑料制品基本上无 RNA 酶，可以不作处理。②在 RNA 提取过程中，应戴一次性手套和口罩，接触可能有污染的器皿时，应勤换手套。③配制溶液的水应用在 37℃处理 12h 以上的 0.1% DEPC 水，然后高压灭菌除去残留的 DEPC。对不能高压灭菌的试剂，用经 DEPC 水处理过的无菌蒸馏水配制。

【操作步骤】

1. 吸取 500μl Trizol 试剂加入一新的 DEPC 处理后的匀浆管中。
2. 解剖小鼠，取小鼠肝脏组织，在生理盐水中清洗后，剪成约黄豆大小（质量约 100mg），放入已加有 500μl Trizol 试剂的匀浆管中。
3. 研磨组织，使用组织研磨棒快速研磨 4～5 次，之后再加入 500μl Trizol 试剂，继续快速研磨 2～3 次，直至溶液变黏稠，室温放置 5min 使其充分裂解。
4. 12 000r/min 离心 5min，将上清液转移至一新的 DEPC 处理后的 1.5ml EP 管中。
5. 加入 200μl 氯仿，振荡混匀，室温放置 3min。
6. 12 000r/min 离心 15min。
7. 离心后混合物分为三层：下层红色的苯酚-氯仿层，中间层，上层无色的水样层。RNA 无一例外地存在于水样层当中。小心移取上层无色水样层，转移至另一新的 EP 管中。
8. 加入 500μl 异丙醇，振荡混匀室温放置 15min。
9. 12 000r/min 离心 15min，这时会在 EP 管的底部看到白色沉淀，轻轻弃去上清液。
10. 加入 1ml 75%的乙醇（用 DEPC 处理的水配制）洗涤 RNA 沉淀。
11. 7500r/min 离心 5min，弃去上清液。
12. 将 EP 管倒置，干燥，挥发剩余的乙醇。
13. 用适量 DEPC 处理的水溶解 RNA 沉淀，推荐量 20μl。

【注意事项】

1. 研磨组织块用于 RNA 提取的样品，必须是新鲜的细胞或组织，如采样后不能立即用于提取，则样品应用液氮速冻并于–70℃冰箱中保存。

2. 研磨过程中要尽量避免 Trizol 试剂溢出。

3. 提取过程中有多次离心，应注意配平，防止出现事故以及对离心机造成损害。

4. 整个抽提过程，要尽量避免 RNA 酶的污染，全程佩戴一次性手套。皮肤经常带有细菌和霉菌，可能会污染抽提的 RNA 并成为 RNA 酶的来源。培养良好的微生物实验操作习惯，预防微生物污染。

【试剂】

Trizol 试剂、氯仿、异丙醇、75%乙醇、DEPC 水。

【器材】

冷冻高速离心机、移液器、DEPC 水处理的 EP 管与枪头、一次性手套、组织研磨棒、眼科剪、眼科镊、止血钳。

【思考题】

实验过程中怎样有效避免 RNA 酶的污染?

（殷冬梅）

实验 16　RNA 质量检测及 cDNA 链合成

【目的与要求】

1. 掌握逆转录的基本原理和基本操作步骤。

2. 了解 RNA 质量检测的基本方法和注意事项。

【实验原理】

1. RNA 质量检测与鉴定　通常有三种方法对 RNA 质量进行检测和鉴定。

方法一：检测 RNA 溶液的吸光度。根据 $1OD_{260}$=40μg/ml RNA 计算样品中 RNA 的浓度，若使用 Eppendorf 公司的 Biophotometer 分光光度计，选择 RNA 按钮就可以同时检测 OD_{260}、OD_{280}、OD_{230} 和 OD_{320} 的值。260nm、280nm、230nm 和 320nm 处的吸光度分别代表了核酸、蛋白、盐离子浓度和背景（溶液浑浊度）值，一般只看 OD_{260}/OD_{280}（Ratio，R）。当 R 值为 1.8～2.0 时，认为 RNA 中蛋白或其他有机物的污染是可以容忍的，不过要注意，当用 Tris 作为缓冲液检测吸光度时，R 值可能会大于 2（一般应该是<2.2 的）。当 $R<1.8$ 时，说明溶液中蛋白或其他有机物的污染比较明显，当 $R>2.2$ 时，说明 RNA 已经水解成单核酸了。

方法二：RNA 的电泳图谱。一般来说，RNA 的电泳都是用变性胶进行的，但如果仅仅是为了检测 RNA 的质量就没有必要进行如此烦琐的实验，用普通的琼脂糖凝胶就可以。电泳的目的在于检测 28S 和 18S 条带的完整性及其比值。如果 28S 和 18S 条带明亮、清晰、锐利（指条带的边缘清晰），并且 28S 条带亮度在 18S 条带的两倍以上（图 12-1），就认为 RNA

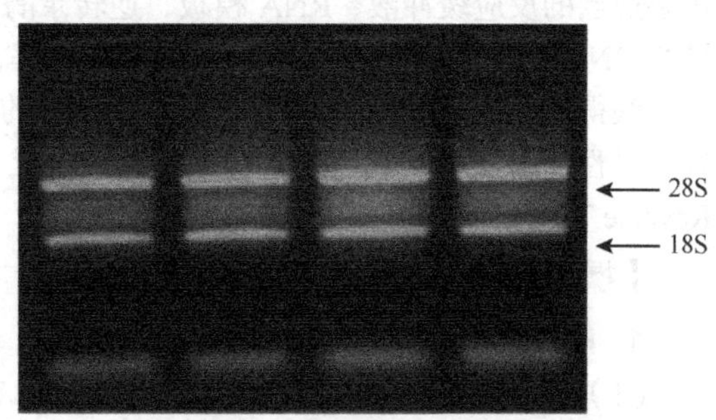

图 12-1　鼠肝总 RNA1%琼脂糖凝胶电泳图谱

的质量是好的。

方法三：保温试验。以上是两种常用的方法，但是这两种方法都无法明确地告诉我们 RNA 溶液中有没有残留的 RNA 酶。如果溶液中有非常微量的 RNA 酶，用以上方法很难察觉，但是大部分后续的酶学反应都是在 37℃以上并且是长时间进行的。如果 RNA 溶液中有非常微量的 RNA 酶，那么在后续的实验中就会有非常适合的环境和时间发挥它们的作用。保温试验可以确定 RNA 溶液中有没有残留的 RNA 酶。

从 RNA 溶液中吸取两份 1000ng 的 RNA 加入 0.5ml 的离心管中，并且用 pH 7.0 的 Tris 缓冲液补充到 10μl 的总体积，然后密闭管盖。把其中一份放入 70℃的恒温水浴中，保温 1h。另一份放置在-20℃冰箱中保存 1h。之后，取出两份样本进行电泳。电泳完成后，比较两者的电泳条带。如果两者的条带一致或者无明显差别（当然，它们的条带也要符合方法二中的条件），则说明 RNA 溶液中没有残留的 RNA 酶污染，RNA 的质量很好。相反，如果 70℃保温的样本有明显的降解，则说明 RNA 溶液中有 RNA 酶污染。

本实验采用方法二对提取的总 RNA 进行质量鉴定。

2. 逆转录（cDNA 链合成）基本原理 真核生物基因多为断裂基因，编码区被内含子隔断。当真核生物基因作为模板进行转录时，需经剪接等一系列加工，切除内含子，连接外显子，才能成为有连续氨基酸编码的成熟 mRNA，用于指导蛋白质的合成。原核生物没有转录后 mRNA 加工，因此真核生物基因的初级转录产物在原核生物细胞中不能进行剪接，无法表达。如以真核生物成熟 mRNA 为模板合成 cDNA，此序列具有连续的氨基酸编码区，因此转录产物不需要进行剪接，可在原核细胞中表达。

逆转录过程是由逆转录酶催化完成的。天然的逆转录酶具有 RNase H 活性以及 DNA 聚合酶活性，其中 RNase H 能够选择性地降解杂合双链中的 RNA。为避免 RNase H 活性对反应体系中模板 RNA 的破坏，市售的逆转录酶 RNase H 活性大多是缺失的。逆转录酶的来源有禽源与鼠源两种。一般而言，鼠源逆转录酶的最适反应温度低于禽源，有利于克服 RNA 的二级结构，因此反应效率更高。目前市售的逆转录酶大多经基因工程技术的改造，最适反应温度已大幅度提高。

逆转录酶不能从头开始逆转录反应，必须提供引物。最常用的逆转录引物是寡聚脱氧胸苷酸引物，即 Oligo（dT）。此外，还可以选用六聚体或八聚体随机引物。Oligo（dT）可与 mRNA 的 polyA 序列互补，因此对 3′末端有 polyA 的 mRNA 逆转录特异性较高。随机引物不但可与 mRNA 互补，也可与 rRNA 及 tRNA 互补，因此特异性较低。随机引物与 mRNA 结合部位不固定，因此不适于全长 cDNA 的合成。只有在利用缺乏 polyA 的 mRNA 合成 cDNA 时，或在 RNA 模板完整性较差时才选用随机引物。

逆转录反应的产物是 cDNA 第一链，它是由细胞各种基因 cDNA 组成的混合体，此混合体可以作为 PCR 反应的模板，这一过程即称逆转录 PCR（RT-PCR）。完整的逆转录反应体系除需要适当的反应缓冲液、RNA 模板、逆转录酶、引物及四种脱氧核苷三磷酸（dNTP）外，为防止 RNA 在反应过程中被痕量的 RNA 酶降解，一般还应加入 RNA 酶抑制剂。

获得组织或细胞中的总 RNA 后，以其中的 mRNA 作为模板，采用 Oligo（dT）、随机引物或特异性下游引物，利用逆转录酶逆转录生成 cDNA。本实验采用的逆转录酶是 PrimeScript Reverse Transcriptase。

【操作步骤】

1. RNA 质量检测（琼脂糖凝胶电泳）

（1）配制用 DEPC 处理的电泳缓冲液 50×TAE，高压灭菌后待用。

（2）电泳槽使用前先用 3%H_2O_2溶液浸泡 15min，然后用经 DEPC 处理的水冲洗，导入适量 1×TAE 电泳缓冲液。

（3）称取适量琼脂糖，加入 1×TAE 电泳缓冲液，制备 1%的凝胶（注意使用专用溶液和相关设备，避免引入外源 RNA 酶）。

（4）用专用 6×上样缓冲液作指示剂，取 5μl RNA 样品上样，电泳（恒压 100V）15min。

（5）关闭电源，取出电泳胶，在凝胶成像仪上观测、拍照，保存图像。

（6）评价 RNA 质量，通过目测 28S 和 18S 的亮度比例初步评价总 RNA 质量，一般认为亮度比 28S∶18S≥2 时，可初步判定总 RNA 质量较好。

2. 逆转录反应

（1）在 Microtube 管中配制下列混合液，轻轻混匀（RNA 最后加，先配制其他混合物）。

实验样品 RNA	2μl（0.5～1μg）
5×PrimeScript Buffer	4μl
dNTP Mixture（10mmol/L）	2μl
Oligo（dT）$_{18}$ Primer（50pmol/μl）	1μl
RNase Inhibitor（20U/μl）	1μl
RNase Free H_2O	up to 20μl

（2）在 PCR 仪上设置反应时间和温度：30℃ 10min，42℃ 45min，95℃ 5min，4℃ 5min。

（3）–20℃保存备用。

【注意事项】

1. RNA 检测要使用专门用 DEPC 或高压灭菌处理过试剂和仪器，避免外源 RNA 酶污染。

2. 实验过程中操作人员也应避免外源 RNA 酶污染，戴一次性手套和口罩，接触可能污染的器皿时，应勤换手套。

【试剂】

逆转录试剂盒：5×PrimeScript Buffer、RNase Free H_2O、dNTP Mixture、RNase Inhibitor、PrimeScript Reverse Transcriptase、Oligo（dT）$_{18}$Primer、TAE 电泳缓冲液、上样缓冲液、溴乙锭（EB）、DNA Marker。

【器材】

PCR 仪、离心机、电泳仪及电泳槽、微量移液器。

【思考题】

如果制备的 cDNA 用于目标基因表达的定量分析，是否可以采用基因特异性引物进行逆转录，为什么？

（殷冬梅）

实验 17　PCR 扩增产物纯化及琼脂糖凝胶电泳回收

【目的与要求】

1. 掌握 PCR 基因扩增的基本原理。

2. 掌握一种琼脂糖凝胶纯化 DNA 的原理及方法。

3. 了解 PCR 的基本操作步骤及 PCR 仪的使用。

【实验原理】

PCR 基因扩增原理见实验 14。

扩增基因：*tau* 基因，其编码的 Tau 蛋白是微管相关蛋白，具有诱导与促进微管蛋白聚合成微管，防止微管解聚、维持微管功能稳定的作用。*tau* 基因的多态性被认为与部分神经元变性疾病有关，如阿尔茨海默病、帕金森病和肌萎缩侧索硬化等。*tau* 基因的外显子通过特别的组织和生长发育调节而进行选择性的剪接。在正常成人大脑中，*tau* 基因根据外显子 2、3、10 的可变剪接编码 6 种同分异构体。外显子 10 的编入表达与否会形成两种类型的蛋白，即含 3 个微管结合重复区域（3R）和 4 个微管重复区域（4R）的 Tau 蛋白亚型。本实验扩增 *tau* 基因中的一个片段。

引物序列：

F primer：5′ ACGCGTCGACATGACCCCCACTGAGGACGGATCTGAG 3′

R primer：5′ AAGGAAAAAGCGGCCGCTCACAAACCCTGCTTGGCCAGGGAGG 3′

市面上所售的凝胶回收试剂盒，一般是采用了特定的具有吸附 DNA 能力的材料，可以有效地从反应混合物中分离出特异片段。本实验所用的试剂盒为 TaKaRa MiniBEST Agarose Gel DNA Extraction Kit Ver.3.0，它采用了独特的凝胶溶解缓冲液，具有较强的缓冲性能并含有 pH 指示剂，方便判断溶液的 pH 是否适合于与 DNA 制备膜结合，其溶胶能力强，无须加热，在室温（15～25℃）条件下即可快速溶解凝胶。本试剂盒结合 DNA 制备膜技术，可纯化得到多达 20μg 以上的 DNA 片段，具有高效、快速、方便的特点。

【操作步骤】

1. PCR 反应及琼脂糖凝胶电泳 具体操作见实验 14。

2. 琼脂糖凝胶电泳回收

（1）制备 1%琼脂糖凝胶，取出已准备好的 PCR 产物，将剩余所有样品（45μl）与 9μl 6× 上样缓冲液混匀，加入样品槽中，恒流，85mA 电泳。

（2）当所需 DNA 片段完全分离时，转移凝胶至紫外灯下，尽可能快地把所需的 DNA 片段切下来。

注：切胶时尽量把多余的凝胶切去，DNA 暴露在紫外灯下的时间不宜过长，以防止 DNA 损伤。

（3）将带有目的片段的凝胶块切碎（可加快凝胶溶化时间，提高 DNA 的回收率），移至 1.5ml 离心管（离心管已称重）中称重，得出凝胶块的质量。近似地确定凝胶块的体积，假设其密度为 1g/ml（几乎所有 DNA 凝胶的密度都可以近似为 1g/mL），凝胶块的体积可通过如下方法得到：凝胶薄片的质量为 0.2g，则其体积为 0.2ml。胶块超过 300mg 时，应使用多个 Column 进行回收，否则严重影响回收率。

（4）加入胶块溶化液 Buffer GM，Buffer GM 的使用量如表 12-1 所示。

表 12-1 回收 DNA 的凝胶浓度与缓冲液使用量的选择

凝胶浓度（%）	Buffer GM 使用量
1.0	3 个凝胶体积量
1.0～1.5	4 个凝胶体积量
1.5～2.0	5 个凝胶体积量

凝胶块与 Buffer GM 均匀混合后，室温 15～25℃溶化胶块（胶浓度较大或比较难溶时可以在 37℃加热）。此时应间断振荡混合，使胶块充分溶化（5～10min）。注：胶块一定要充分溶化，否则将会严重影响 DNA 的回收率。高浓度凝胶可以适当延长溶胶时间。注意不要采取高温溶胶的方式，高于 50℃不仅不会提高溶胶速度，反而会造成一些大片段 DNA 回收量的降低。

（5）当凝胶完全溶化后，观察溶胶液的颜色，如果溶胶液颜色由黄色变成橙色或粉色，向上述胶块溶化液中加入 10μl 3mol/L 乙酸钠溶液（pH 5.2），均匀混合至溶液恢复黄色。当分离小于 400bp 的 DNA 片段时，应在此溶液中再加入终浓度为 20%的异丙醇。

（6）将试剂盒中的 Spin Column 安置于收集管（collection tube）上（已备好）。

（7）将上述（4）中的溶液全部转移至 Spin Column 中。室温 12 000r/min 离心 1min，弃滤液，将柱子套回 Collection Tube。注：如果将滤液再加入 Spin Column 中离心一次，可以提高 DNA 的回收率。

（8）将 700μl 的 Buffer WB 加入 Spin Column 中，12 000r/min 离心 30s，弃滤液。注：请确认 Buffer WB 中已经加入了指定体积的 100%乙醇。

（9）重复操作步骤（7）。

（10）将 Spin Column 套回 Collection Tube。12 000r/min 离心 1min。

（11）把 Spin Column 安置于新的 1.5ml 离心管上，在 Spin Column 膜的中央处加入 30μl 的灭菌蒸馏水或洗脱缓冲液（Elution Buffer），室温放置 1min，12 000r/min 离心 1min 以洗脱 DNA。注：把灭菌蒸馏水或 Elution Buffer 加热至 60℃使用，有利于提高洗脱效率。

（12）回收产物用 1%琼脂糖凝胶电泳鉴定。

【注意事项】

1. 纯化的 DNA 用于 DNA 序列分析时，最好使用灭菌蒸馏水洗脱 DNA。
2. DNA 需长期保存时，建议在 Elution Buffer 中保存。

【试剂】

TaKaRa 公司凝胶回收试剂盒、TAE Buffer、6×上样缓冲液、EB、DNA Marker、Buffer GM。

【器材】

紫外灯、恒温水浴箱、离心机、电泳仪。

【思考题】

在制作琼脂糖凝胶时为什么要在温度降低到 50～60℃时再向凝胶溶液中加入 EB？若在加热琼脂糖溶液时加入 EB 会产生什么影响？

（殷冬梅）

实验 18　DNA 限制性内切酶酶切和酶切产物的回收

【目的与要求】

1. 学习 DNA 限制性内切酶酶切（限制性酶切）的原理。
2. 掌握用两种不同的 DNA 限制性内切酶酶切质粒和 PCR 产物的方法。

【实验原理】

见实验 13。本实验着重介绍限制性内切酶的实际使用方法，尤其是双酶切质粒载体和 PCR 产物时需要注意的事项。

商业公司通常为限制性内切酶研发了一套通用的反应缓冲液，如 TaKaRa 公司提供了 5 种通用缓冲液，L、M、H、K 和 T。为了便于用户选择，公司检测了每种限制性内切酶在这 5 种缓冲液中的活性强度，并推荐一种最佳缓冲液。

在实验中经常会涉及用两种不同的限制性内切酶对 DNA 进行切割，如果这两种酶能够在同一个缓冲体系中反应，将会大大简化实验操作，为 DNA 双酶切提供便利。经过系统的研究和实验，商业公司都为自己提供的大部分限制性酶推荐了双酶切的通用缓冲体系，并对各种酶标明了在各通用缓冲液中的相对活性（网上可下载）。如图 12-2 所示，根据某公司为限制性内切酶推荐的双酶切通用缓冲液，可以确定 *Eco*R Ⅰ和 *Hin*dⅢ双酶切使用的缓冲液为 2 号，反应温度为 37℃。

Double Digest Finder

Cleaving a DNA substrate with two restriction enzymes simultaneously (double digestion) is a common timesaving procedure. Use this tool to select reaction conditions amenable to any two NEB restriction enzymes.

Click here for more information on double digests and a chart of double digests for some common enzyme combinations.

Select 1st enzyme: HindIII **Select 2nd enzyme:** EcoRI GO

Enzyme	Cat#	Temp	Supplied NEBuffer	Supplements		% Activity in NEBuffer			
				BSA	SAM	1	2	3	4
HindIII	R0104	37°C	NEBuffer 2	No	No	50	100	10	50
EcoRI	R0101	37°C	NEBuffer EcoRI	No	No	100	100	100	100

Double Digest Recommendation(s) for HindIII + EcoRI:

- **Digest in NEBuffer EcoRI at 37°C.**

Note: The above recommendation is based on the experimental results. Please check Suggested NEBuffers for Double Digestion.

图 12-2 双酶切通用缓冲液体系示例

本实验选用 *Sal* Ⅰ和 *Not* Ⅰ这两种限制性内切酶对质粒进行酶切，即可获得两侧具有不同黏性末端的质粒 DNA 片段；同样利用这两种限制性内切酶处理纯化的 PCR 产物，最后用凝胶回收试剂盒纯化回收酶切后的质粒和 PCR 片段。

【操作步骤】

1. 在两个无菌的 1.5ml 离心管中分别混合如下组分。

质粒双酶切：

质粒	2μg
10×Buffer H	3.0μl
Sal Ⅰ	1μl
Not Ⅰ	1μl
ddH_2O	补充体积至 30μl
	30μl

PCR 产物双酶切：

PCR 纯化产物	30μl
10×Buffer H	5.0μl
Sal Ⅰ	1μl
Not Ⅰ	1μl
ddH_2O	13μl
	50μl

2. 用手指轻轻拨动离心管底部，使反应体系充分混匀，然后在离心机上短暂离心将液体收集到离心管底部。

3. 将离心管放在浮子上，置于37℃水浴中，温育3h。

4. 实验结束后，取出离心管，通过琼脂糖凝胶电泳检测酶切结果，并通过凝胶回收试剂盒回收酶切后的质粒载体和目的片段（PCR产物）。

【注意事项】

1. 酶切反应用的EP管和吸头需灭菌，以防止杂酶污染；酶管需冰浴以免其中的酶失活。

2. 酶切过程中需要选择合适的双酶切缓冲体系、酶切时间及DNA浓度。

3. 若时间允许，可将质粒、PCR产物的酶切时间延长至16h，以保证酶切完全。

4. 切取含有DNA条带的凝胶时，分离每一个样品之前都必须将手术刀用水冲洗干净，并用吸水纸揩干，防止样品间的交叉污染。

【试剂】

TaKaRa公司限制性内切酶*Sal*Ⅰ、*Not*Ⅰ、10×Buffer H、ddH_2O，琼脂糖凝胶电泳及回收所需的相关试剂。

【器材】

移液器、离心管、台式离心机、水浴箱、水平电泳槽、电泳仪。

【思考题】

1. 为什么加入内切酶的总体积不能超过反应总体积的10%?

2. 为什么Ⅱ类限制性内切酶是基因工程中常用的限制性内切酶?

3. 对核酸进行限制性酶切时，如何选择合适的内切酶?

（殷冬梅）

实验19　目的基因与质粒载体的连接和转化

【目的与要求】

1. 学习DNA连接反应的原理。

2. 利用T_4 DNA连接酶连接限制性内切酶酶切后的质粒和目的基因。

【实验原理】

通过PCR反应扩增的基因是不能在细菌中稳定遗传的。在将外源DNA导入细胞之前，必须先连接进入载体。专为分子克隆提供的环形载体多含有抗药基因及多克隆位点。选择适当的内切酶将载体切开，与外源基因连接，形成携带外源基因序列的重组载体，即所谓的重组子。将连接产物转化宿主细菌，重组子在合适的宿主菌内即可进行复制、转录或表达。

本实验采用的是定向克隆的连接方式。在化学合成的引物序列两侧加上*Sal*Ⅰ和*Not*Ⅰ的酶切位点，利用这两种限制性内切酶对质粒进行酶切，即可获得两侧具有不同黏性末端的质粒DNA片段，此片段可高效地与目的基因进行连接。这一方法连接效率高，并且很少出现非特异性连接。

DNA连接反应是在DNA连接酶的催化下，一条DNA链末端的5′磷酸基团与靠近的另一条DNA链末端的3′羟基之间形成磷酸二酯键，从而将两个DNA末端连接起来。DNA连接酶是生物体内DNA复制、重组和修复系统中的重要组分。DNA连接酶催化的反应需要消耗能量，由NAD^+或ATP提供。分子克隆中最常用的是T_4 DNA连接酶，来源于感染了T_4噬菌体的大肠杆菌。

两个 DNA 末端之间的连接可以看作双分子反应，在标准条件下，无论两个末端位于同一个 DNA 分子上还是不同 DNA 分子上，其反应速率取决于相互匹配的 DNA 末端的浓度。在使用单酶切的载体或平端载体时，载体本身的两个 DNA 末端可以匹配，产生自身连接的产物。如果载体和插入片段的浓度都较低，则载体 DNA 末端之间碰撞的机会大于和目的 DNA 片段碰撞的机会，就会导致载体分子的自身连接。如果载体浓度较高而目的片段浓度较低，也容易产生较多的载体二元聚合物。只有载体 DNA 和目的 DNA 片段的浓度都较高且比例合适（常用比例为载体 DNA：PCR 产物为 1：3～1：5），载体才能与目的 DNA 连接，产生插入了目的 DNA 片段的阳性克隆。本实验利用 T_4 DNA 连接酶连接前述凝胶回收产物：质粒 DNA 酶切后的大片段和 PCR 产物双酶切后的目的基因片段。

在目的片段和载体的连接反应产物中，存在多种可能的连接方式，除正确连接的克隆外，还有载体与载体的连接产物、目的 DNA 之间的连接产物，因此需要将正确连接的克隆从其他 DNA 中分离出来。通常将连接产物转化到大肠杆菌中，通过抗生素的抗性和特异性的 PCR 反应等方法筛选转化了目的质粒的单克隆菌落，经过 DNA 序列测定的鉴定后，便可以对质粒进行大量增殖。

【操作步骤】

1. 目的片段和质粒载体的连接 取 2 支 1.5ml 离心管编号后，管 1 加入如下组分，管 2 用去离子水代替 PCR 产物。

PCR 产物酶切片段 5μl } 混匀
空载体酶切产物 5μl
Solution Ⅰ（含有 T_4 连接酶、缓冲液） 10μl
} 混匀，16℃，30min

注：一般目的片段，其载体摩尔比约为 3：1。

2. 连接产物转化

（1）从低温冰箱中取出 4 管冻存的感受态细胞悬液，分别在室温下解冻后立即置于冰上。

（2）取 4 个 1.5ml EP 管，标记为 1、2、3、4，分别加入连接产物 1、连接产物 2、去离子水、未酶切的质粒 10μl，各管再加 Solution Ⅲ 1μl、感受态细胞悬液 100μl，混匀，冰浴 30min，42℃热激 90s 后静置于冰上 3min（完成质粒 DNA 的内吞过程）。向各管内加入 600～800μl 不含抗生素的 LB 培养基，37℃ 60r/min 振荡培养 45min，使细菌恢复正常生长状态。

（3）2000r/min 离心 1min，用移液器移去部分上清液，保留 100～150μl 菌液。用移液器混匀菌液，取各管转化物 100μl 分别均匀涂布于含氨苄青霉素的 4 个琼脂平板上，待菌液完全吸收后在 37℃培养箱中倒置培养 16h 左右，次日观察。

【注意事项】

1. T_4 DNA 连接酶的最佳反应温度为 37℃，但是在该温度下 DNA 黏性末端之间不易形成稳定的互补配对，因此常将反应温度降低到 25℃，反应时间 3h，也可以采用 16℃连接过夜的方法。本实验用 16℃，30min 的快速连接的方法，是因为 Solution Ⅰ含 T_4 DNA 连接酶和最适 Buffer 的酶液，反应高效，大多数连接反应只需 3min，较难的反应也可在 30min 内完成。

2. 转化之前在连接混合物中加入 Solution Ⅲ（转化增强剂）有助于提高转化效率。如果目的 DNA 含量低或预期连接效率较低，建议使用 Solution Ⅲ，连接产物不必经过 DNA 纯化，可直接用于细菌转化。

3. 所有试剂如 $CaCl_2$ 溶液等用超纯水配制，高压灭菌后分装保存。为了防止杂菌和杂 DNA 污染，整个操作过程均应在无菌条件下进行。

4. 平板 1 将会产生均匀分布的单克隆菌落；平板 2 应该不产生菌落或仅产生极少数的菌落，否则说明在转化过程中或感受态制作中发生了污染；平板 3 也应该没有菌落，否则说明在感受态制备过程中有污染；平板 4 作为阳性对照，可以检验制备的感受态细胞的转化效率，平板上的单克隆总数乘以 10 即为感受态细胞的转化频率，即每微克超螺旋质粒 DNA 所得到的转化子数。若平板 4 上没有菌落，则说明感受态细胞的制备过程中存在失误，导致转化失败。

【试剂】

TaKaRa 公司 T_4 DNA 连接反应试剂盒，LB 培养基，带有氨苄青霉素的琼脂平板，*E. coli* Top10 菌株，0.1mol/L $CaCl_2$ 溶液，0.1mol/L $CaCl_2$-15%甘油溶液。

【器材】

移液器、离心管、玻璃涂菌棒、低温冷冻离心机、水浴箱、无菌操作台、摇床。

【思考题】

1. 使用化学合成的 DNA 引物经 PCR 扩增的 DNA 片段是否可以直接与经过脱磷酸处理的平端 DNA 载体进行连接反应，为什么？

2. 在 DNA 转化后的细菌复苏时为什么不能使用含有抗生素的培养基？

3. 分析 DNA 转化时实验组、阴性对照组、阳性对照组出现不同情况的原因。

（殷冬梅）

实验 20　阳性克隆的筛选与鉴定

【目的与要求】

1. 通过菌落 PCR 和限制性酶切筛选重组子。

2. 了解筛选阳性重组子的主要方法和原理。

【实验原理】

连接产物转化感受态细胞后，在平板上产出的单克隆中，除了含有目的基因片段的阳性重组子外，可能还存在由空质粒转化产生的转化子，因此需要将阳性重组子从大量的转化子中筛选出来。

目的序列与载体 DNA 正确连接的效率、重组导入细胞的效率都不是百分之百的，因而最后生长繁殖出来的细胞并不都带有目的序列。一般一个载体只带一段外源 DNA，一个细胞只接受一个重组子。最后培养出来的细胞群中只有小部分，甚至只有很小一部分是含有目的序列的重组子。将目的重组子筛选出来就等于获得了目的序列的克隆，所以筛选（screening）是基因克隆的重要步骤。在构建载体、选择宿主细胞、设计分子克隆方案时都必须仔细考虑筛选的问题。

筛选需要标志物。最常见的载体携带的标志是抗药性标志，如氨苄青霉素（Amp^r）、四环素（Tet^r）、卡那霉素（Kan^r）等抗药性基因。当培养基中加入抗生素时，只有携带相应抗药性基因载体的细胞才能生存繁殖。本实验中质粒 pGEX-6T 含有氨苄青霉素抗药基因，凡是能够在氨苄青霉素阳性平板上生长的细菌均携带质粒。

重组子的筛选是最为重要的步骤，目前常用的方法有以下三种。

（一）PCR 反应筛选阳性重组子

挑取转化平板上的单克隆菌落或培养菌液直接作为模板（菌落 PCR），也可将单克隆菌落扩增后提取质粒作为模板，用目的基因特异性引物进行 PCR 扩增，插入目的基因的阳性重组子可以获得 PCR 产物，若是空质粒转化的菌落则无特异性的 PCR 产物。根据电泳结果可以将阳性重组子鉴别出来，接种之后进行进一步的序列鉴定。

（二）限制性酶切筛选阳性重组子

从单克隆培养物中提取质粒 DNA，用插入位点两侧的限制性内切酶进行双酶切检验，阳性重组子可以从质粒中切出含有目的基因的特定大小的 DNA 片段，而空载质粒则没有该片段。因此，根据质粒双酶切产物的电泳图谱可以鉴定出阳性重组子的单克隆菌落。

由于在引物合成和 PCR 扩增过程中均有可能造成基因序列的突变，通过各种方法筛选得到的阳性重组子还需要进一步通过 DNA 序列测定进行确认。

（三）蓝白斑筛选

蓝白斑筛选即 α 互补鉴定阳性重组子。现在使用的许多载体（如 pUC 系列）都带有一个大肠杆菌的 DNA 区段，其中含有 β-半乳糖苷酶基因（*lacZ*）的调控序列和 N 端 146 个氨基酸的编码信息。β-半乳糖苷酶由 4 个相同的亚基组成，每个亚基都由位于同一条多肽链上的功能互补的 α 小片段和 ω 大片段组成。在经过基因改造后只表达 ω 大片段的菌株中，转入表达 α 小片段的质粒，可以产生具有半乳糖苷酶活性的复合物，这种现象称为 α 互补。在质粒的 α 小片段编码区中引入一个多克隆位点，如果位点中插入了 DNA 片段就会造成 α 小片段互补功能的丧失，不能产生有活性的半乳糖苷酶，在含有 IPTG 和 X-gal（β-半乳糖苷酶的显色底物）的平板上克隆的颜色为白色，反之，能产生有活性的半乳糖苷酶，分解 X-gal 使其显示蓝色。利用这一特性，可以直观地将插入目的基因的阳性重组子筛选出来。

本实验通过 PCR 反应和限制性酶切两种方法筛选阳性重组子，并通过 DNA 序列测定进行验证：以单克隆菌落为 PCR 的模板，通过菌落 PCR 筛选阳性重组子；然后从阳性克隆单菌落培养物中提取质粒，进一步通过双酶切进行验证；最后委托生物公司进行 DNA 序列测定。

经各种筛选方法得到的重组子，都不能说是完全可靠的，最终确认需对其核酸序列进行测定。已知序列的核酸克隆要经序列测定确证所获得的克隆准确无误。未知序列的核酸克隆要经序列测定才能确知其结构，推测其功能，用于进一步的研究。因此，核酸序列测定是分子克隆中必不可少的鉴定步骤。

【操作步骤】

1. 挑取单克隆菌落 在转化实验的抗性平板上挑取 5～8 个菌落，分别接种到 5ml 含相应抗性的 LB 培养基，培养过夜。

2. 菌落 PCR（25μl）

菌液	1μl
2×Primer star	12.5μl
primer 1（10mM）	0.5μl
primer 2（10mM）	0.5μl
ddH_2O	10.5μl
	25μl

将上述组分混匀，进行 PCR 反应：98℃ 5min，98℃ 10s，68℃ 70s，循环 30 次，72℃

7min，4℃保存，取 5～10μl 扩增产物用 1 %琼脂糖凝胶进行电泳分析，于紫外透射仪下观察结果。

3. 酶切鉴定　取过夜培养菌液 1ml，提取质粒 DNA，双酶切质粒，凝胶电泳观测酶切产物。

【注意事项】

1. 为防止杂菌和其他外源 DNA 的污染，实验所用器皿如离心管、EP 管等需灭菌处理。
2. 整个实验过程注意无菌操作。

【试剂】

LB 液体培养基（Amp^-）、质粒转化的抗性平板、小量质粒提取试剂盒、限制性酶切酶、PCR 试剂盒、TBE 电泳缓冲液、PCR 引物。

【器材】

电泳仪和水平电泳槽、PCR 仪、微量移液器、紫外透射仪、恒温振荡仪。

【思考题】

1. 筛选重组子的方法有哪些？
2. 对核酸进行限制酶酶切时，如何选择合适的内切酶？
3. 蓝白斑筛选实验中，蓝斑和白斑形成的机制是什么？

（殷冬梅）

实验 21　外源基因的诱导表达与检测

【目的与要求】

1. 通过本实验了解外源基因在原核细胞中表达的特点和方法。
2. 了解 SDS-PAGE 的制备及其分离原理。

一、外源基因在大肠杆菌中的诱导表达

【实验原理】

将外源基因克隆到含有 lac 启动子的表达载体中，让其在大肠杆菌中表达。先让宿主菌生长，lac 产生的阻遏蛋白与 lac 操纵子结合，从而不能进行外源基因的转录及表达，此时宿主菌正常生长。然后向培养基中加入 lac 操纵子的诱导物 IPTG，阻遏蛋白不能与操纵基因结合，则 DNA 外源基因大量转录并高效表达。表达蛋白可经 SDS-PAGE 检测或用 Western blot 检测。

【操作步骤】

1. 含外源基因的表达菌株在 LB 培养基（含 50μg/ml 卡那霉素）中预培养过夜（注意取菌株要在超净台上操作，一定注意无菌）。
2. 按 1∶50 的比例稀释菌液，于 250r/min，培养 3h 左右，使其 OD_{600} 值达到 0.6。
3. 取部分菌液作为未诱导的对照组，余下的加入 IPTG，使其终浓度为 0.5mmol/L。
4. 继续培养，分别在 0.5h、1h、1.5h、2h、3h 不同时间取样 1ml，4000r/min 离心 5min，收获菌体，弃上清液。
5. 紫外灯下观察菌体中绿色荧光蛋白（GFP）的表达。

6. 向菌体沉淀中加入细菌裂解液 15ml，重悬菌体。

7. 超声破碎，12 000r/min，4℃，离心 10min。

8. 取 100μl 离心后的上清液，加入 100μl 2×上样缓冲液，用于 SDS-PAGE 检测，其余样品–20℃冻存。

【注意事项】

1. 通过表达载体将外源基因导入宿主菌，并指导宿主菌的酶系统合成外源蛋白。

2. 外源基因不能带有间隔序列（内含子），因而必须用 cDNA 或化学合成的基因，不能用基因组 DNA。

3. 必须利用原核细胞的强启动子和 S-D 序列等调控元件调控外源基因的表达。

4. 外源基因与表达载体连接后，必须形成正确的开放阅读框架。

5. 利用宿主菌的调控系统，调节外源基因的表达，防止表达的外源基因产物对宿主的毒害。

【试剂】

1. LB 培养基，100mg/ml 氨苄青霉素。

2. 克隆在 *E. coli* 表达载体中的 GFP 基因。

3. 1mol/L IPTG：将 2g IPTG 溶于 10ml 水中，用滤器过滤除菌，分装成 1ml，–20℃储存。

4. 细菌裂解液：50mmol/L Tris-HCl（pH8.0），10mmol/L $MgAc_2$，2mmol/L EDTA。

【器材】

恒温摇床、培养用锥形瓶、超净工作台、离心机、高压灭菌锅、吸头、EP 管。

二、SDS-PAGE 检测表达蛋白

【实验原理】

同实验 6：SDS-PAGE。

【样品制备】

用 100μl 悬浮缓冲液悬浮细胞，加入 100μl 2×SDS 上样缓冲液于 100℃水浴 5min，取出待用。

【结果分析】

如图 12-3 所示。

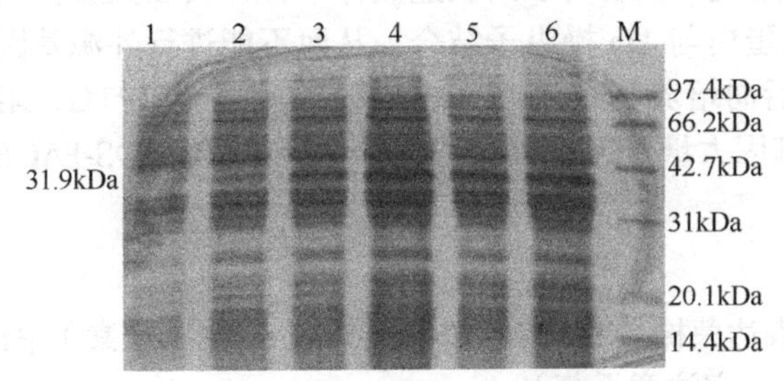

图 12-3 凝胶电泳蛋白条带图

1：诱导前全菌蛋白图；2～6：不同时间诱导后全菌蛋白图；M：蛋白质标准分子量

【注意事项】

1. Acr 和 Bis 在没有聚合时是一种神经毒剂，可在人体内积累，在使用时应注意安全。

2. Acr 和 Bis 在光下和碱性条件下可分解为丙烯酸和双丙烯酸，因而其溶液需在 4℃下避光保存，保存期不要超过 3～4 周。

3. 蛋白样品在加热前不可放室温下，煮过的样品可在室温下放置，但每次使用之前需再煮一次。电泳完毕，应先关闭电源，再取下电泳槽的盖子。

4. 在电泳时，要有阴性对照。由于 SDS-PAGE 的特点，目的外源基因凝胶中的谱带可能会上下偏移。

【思考题】

1. 外源基因在原核生物中表达时，如何控制和优化表达条件？

2. 诱导外源基因表达时 IPTG 的作用是什么？

3. 真核基因在原核表达体系中表达易出现哪些潜在问题？

（殷冬梅）

第十三章　基因表达与功能分析的基本方法

基因工程的目的有二：一是通过克隆获得感兴趣的目的基因；二是通过表达获得目的基因的表达产物。如何使克隆的目的基因能正确而大量地表达为有特殊意义的蛋白质，成为重组DNA技术中一个专门的领域，这就是蛋白质表达，其核心任务之一是构建适当的表达系统。一般来说，原核基因选择在原核细胞中表达，而真核基因既可选择在真核细胞，也可选择在原核细胞中表达。

基因组研究的重要性不言而喻，但再清晰的序列信息也无法真正说明一个基因的功能。基因功能的最后鉴定还得依赖转录组学和蛋白质组学，而转录作为基因发挥功能的第一步，对基因功能解析就变得至关重要。因此，基因表达与功能分析需要涉及基因是否转录（基因是否表达）及基因表达水平高低（基因是低丰度表达还是中、高丰度表达）。基因表达的分析策略有以下三个方面：一是通过检测mRNA揭示基因转录水平的表达特征，如DNA微阵列、Northern印迹、实时定量PCR，实时定量PCR是最通用、快速、简便的方法。二是通过蛋白质检测揭示基因翻译水平的表达特征，如Western印迹、酶联免疫吸附、免疫组织化学等方法。采用特异抗体经Western印迹可直接测定基因编码的多肽。三是高通量检测技术成为基因表达研究的有力工具，高通量筛选（high throughput screening，HTS）蛋白质芯片和双向电泳可在蛋白质水平高通量地分析基因表达。

实验22　实时定量PCR

【目的与要求】

掌握实时定量PCR检测mRNA相对表达量的基本原理和实验技术。

【实验原理】

实时定量PCR是在反应中引入荧光化学物质，并在PCR反应全过程中实时检测荧光信号，达到对起始模板定量分析的目的。实时定量PCR的原理：聚合酶链反应（PCR）可对特定核酸（DNA、cDNA）片段进行指数级的扩增，然后通过凝胶电泳对扩增的产物进行定性分析，也可进一步用光密度扫描进行半定量分析。无论是定性还是定量，通过电泳获得的结果都是PCR终产物，为终点（end point）分析。但如果能测知未经PCR信号放大之前的起始模板量，则能更加精确地获知某一特定基因在特定组织中的表达量。因此，荧光PCR技术应运而生，即在反应体系中引入荧光物质，随着PCR反应的进行，PCR反应产物不断积累，荧光信号等比增加，通过对PCR扩增反应中每一个循环产物荧光信号的实时检测，实现对起始模板的定量分析。荧光扩增曲线可分成三段：荧光背景信号段、荧光信号指数扩增段和平台段。在荧光背景信号阶段，扩增的荧光信号被荧光背景信号所遮盖，无法判断产物量的变化。在平台期，PCR反应出现平台效应，不再呈指数级扩增。荧光信号指数扩增阶段，PCR产物量的对数值与起始模板量之间呈线性关系，是进行定量分析的最佳阶段。为了阐明其原理，引入两个重要概念：荧光阈值和*Ct*值。荧光阈值是在荧光扩增曲线上人为设定的值，可以设定在荧光信号指数扩增段的任意位点上，一般设置在3～15个循环的荧光信号标准偏差的10倍。每个反应管内的荧光信号到达设定的阈值时所经历的循环数被称为*Ct*值（cycle of threshold value）。

*Ct*值与起始模板关系的研究表明，每个模板的*Ct*值与该模板的起始拷贝数的对数存在线性关系，起始拷贝数越多，*Ct*值越小。利用已知起始拷贝数的标准样品可制备出标准曲线（图13-1），图中纵坐标表示起始拷贝数的对数，横坐标表示*Ct*值，同时，获得未知样品的

Ct 值，即可根据标准曲线计算出待测样品的起始拷贝数。

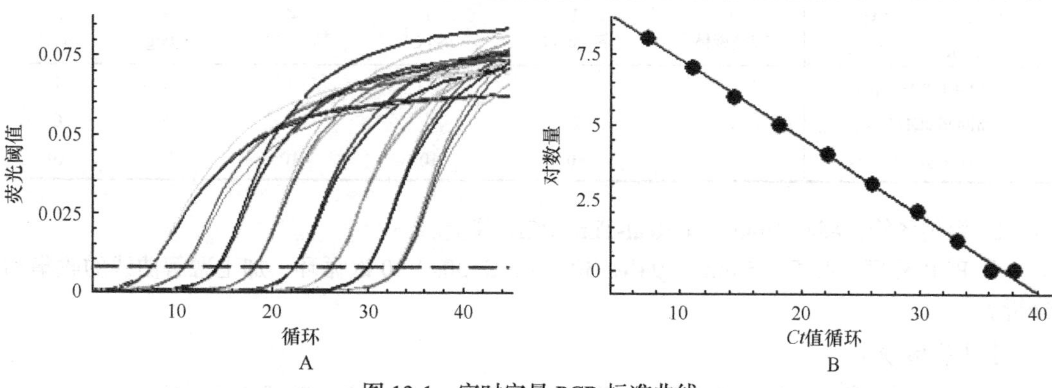

图 13-1　实时定量 PCR 标准曲线

A. 标准管荧光扩增曲线；B. 根据荧光扩增曲线获得的标准曲线

实时定量 PCR 分类：

（1）根据操作方法的不同，可分为 RT-PCR 一步法和 RT-PCR 两步法。RT-PCR 一步法即逆转录与 PCR 在同一反应体系中，置 Real-Time PCR 仪上一次完成；两步法则是先进行逆转录，获得 cDNA 后再执行实时定量 PCR。两步法更为常用。

（2）根据荧光化学物质的不同，可分为荧光标记的探针类和荧光染料非探针类。探针类是利用与靶序列特异杂交的探针来指示扩增产物的增加，此方法除 PCR 必用的引物外，增加了探针杂交识别步骤，特异性高；非探针类则是利用荧光染料与 DNA 分子的结合，指示扩增产物的增加，虽特异性不如前者，但简便易行，可用于检测任意模板，其成本远远低于 Taqman 探针法。鉴于此，本实验介绍非探针类 SYBR Green 荧光染料在实时定量 PCR 反应中的原理及作用。SYBR Green 是一种可结合于 DNA 双链小沟中的荧光染料。SYBR Green 游离存在时不发射任何荧光信号，只有特异性掺入 DNA 双链后，才发射荧光信号，这一性质使其用于扩增产物的检测时效果非常理想。SYBR Green 的最大吸收波长约为 497nm，最大发射波长约为 520nm。在 PCR 反应体系中加入过量的 SYBR Green 荧光染料，随着 PCR 产物的增加，与 DNA 双链结合的 SYBR Green 增加，从而保证了荧光信号的增加与 PCR 产物的增加完全同步。SYBR Green 在实时定量 PCR 检测中的优缺点：①通用性好、价格较低廉，可以指示双链 DNA 熔点的性质，通过熔点曲线分析识别扩增产物和引物二聚体；②特异性及灵敏性次于探针法。

【操作步骤】

荧光定量 PCR 试剂盒需要–20℃避光保存，从–20℃取出使用后，将冻存的 2×SuperReal PreMix Plus 融解，然后轻轻颠倒混匀，待溶液完全均一后再行使用。如需一段时间内经常取用，可在 2～8℃条件下储存 3 个月，但应避免反复多次冻融。SuperReal PreMix Plus 采用了独特的双组分热启动 DNA 聚合酶(化学修饰的 HotStar *Taq* DNA 聚合酶和抗体修饰的 Anti *Taq* DNA 聚合酶），配合精心优化 Buffer 体系，具有高扩增效率、高扩增特异性和宽广的可信范围的特点。

1. 稀释模板，加 90μl ddH_2O 于 10μl 逆转录反应液中，使 cDNA 终浓度为 10ng/μl。

2. 取 0.2ml 微量离心管 6 支，按表 13-1 操作。

表 13-1　实时定量 PCR 反应体系

管号 试剂（μl）	1 转空载体	2 转 target	3 NTC	4 转空载体	5 转 target	6 NTC
ddH_2O	7	7	7	7	7	7
primer mix-GAPDH	1	1	1			

续表

试剂（μl）＼管号	1 转空载体	2 转 target	3 NTC	4 转空载体	5 转 target	6 NTC
primer mix-target				1	1	1
diluted cDNA	2	2	0	2	2	0
SYBR-green mix	10	10	10	10	10	10

3. 混匀各管，离心 1min，置 Real-Time PCR 仪上。

4. PCR 程序：95℃ 15min，（94℃ 30s，60℃ 30s）40 次循环，加上融解曲线的收集和分析。

【注意事项】

1. PCR 反应的预变性条件必须设定为 95℃ 15min，用以充分激活热启动酶。

2. 本产品中含有荧光染料 SYBR Green Ⅰ，保存本产品或配制 PCR 反应液时应避免强光照射。

3. 如果试剂没有混匀，其反应性能会有所下降。使用时应上下颠倒轻轻混匀，不要使用振荡器进行混匀，尽量避免出现泡沫，并经瞬时离心后使用。

4. 引物纯度对反应特异性的影响很大，建议使用 PAGE 级别以上纯化的引物。

5. 引物终浓度为 0.3μmol/L，可以在大多数体系中获得良好的扩增结果。如果需要进一步优化，可以在 0.2～0.5μmol/L 范围内调整引物浓度。

6. 20μl 反应体系中，基因组 DNA 或 cDNA 模板的使用量一般小于 100ng，逆转录产物作为模板时，使用量应不超过 PCR 体系终体积的 20%。

7. 为保证数据的真实可靠，每一样品需做复孔（duplicate），每次反应需要设立 NTC（non-template control）；所有的 PCR Master Mix 需要配 110%的体系，以减少加样误差。

【试剂】

1. 无 RNA 酶水：用去离子水配制 0.1%的 DEPC，37℃保温 12h，121℃高压灭菌 15min。

2. Trizol 试剂：酸性酚试剂，购自 Invitrogen 公司。

3. RNA 电泳用加样缓冲液：50%甘油，1mmol/L EDTA（pH8.0），0.25%溴酚蓝。

4. 逆转录反应试剂盒：逆转录酶（MMLV）、5×First-strand Buffer、0.1mol/L DTT。

5. 电泳缓冲液（5×TBE）：称取 Tris 54g，硼酸 27.5g，0.5 mol/L EDTA 20ml 溶解，加 ddH_2O 定容至 1L，临用前稀释 5 倍。

6. dNTP Mix（10 mmol/L each）、RNA 酶抑制剂（RNase Inhibitor）、PCR kit 试剂盒、Oligo dT 500pg/μl、1%琼脂糖-TBE、Real-time PCR 试剂盒。

7. 氯仿、异丙醇、75%乙醇、80%乙醇、无水乙醇、酚：氯仿（1：1）混合液。

【器材】

1. 玻璃仪器及耗材处理：玻璃匀浆器洗净后置 180℃烘烤 8h；塑料器皿应用 0.1%DEPC 浸泡 12h，121℃高压灭菌 15min，再 70～80℃烘烤干燥即可使用。

2. 冷冻高速离心机、NanoDrop 定量仪、电泳仪及电泳槽、可调式微量加样器、耗材（吸头、EP 管等）、离心机、Real-Time PCR 仪。

【思考题】

1. *Ct* 值的意义是什么？

2. 如何对基因表达进行 Delta-delta *Ct* 的相对定量的分析？

3. 如何设计实时荧光定量 PCR 的引物？

（殷冬梅　翟旭光）

实验 23　Western blot 检测目标蛋白的表达

【目的与要求】

1. 了解 Western blot 检测目标蛋白表达的基本原理。
2. 熟悉并掌握 Western blot 的实验方法和常规操作。

【实验原理】

Western blot（或 Immuno-blotting），中文名称为免疫印迹。蛋白质印迹的发明者是斯坦福大学的 George Stark。Neal Burnette 于 1981 年所著的 *Analytical Biochemistry* 中首次称之为 Western blot。最开始做印迹的是一个叫作 Southern 的科学家，但印迹的对象是 DNA 链，他把这种技术称为 Southern blot；后来印迹的对象扩展至 RNA 和蛋白质分子，人们就把相应的印迹技术分别称为 Northern blot 和 Western blot。免疫印迹是一种用于蛋白质分析的常规技术，在电场的作用下将电泳分离的蛋白从凝胶转移至一种固相支持物，然后利用抗原-抗体的特异性反应，从蛋白混合物中检测出目标蛋白，从而定量或定性地确定正常或实验条件下细胞或组织中目标蛋白的表达情况。Western blot 还可用于蛋白-蛋白、蛋白-DNA 和蛋白-RNA 相互作用的后续分析，作为一种廉价、便捷、可靠的研究工具，将与质谱和蛋白质芯片等技术一起在蛋白质组学时代发挥重要作用。

Western blot 采用的是聚丙烯酰胺凝胶电泳分离蛋白混合物，被检测物是目标蛋白，“探针”是抗体，“显色”用标记的二抗。经过 SDS-PAGE 分离的蛋白质样品，转移到固相载体[如硝酸纤维素（NC）膜、聚偏二氟乙烯（PVDF）膜或尼龙膜等，各种常用固相载体的特点见表 13-2 上，固相载体以非共价键形式吸附蛋白质，且能保持电泳分离的多肽类型及其生物学活性不变。转移后的 NC 膜就称为一个印迹（blot），用蛋白溶液（如 5%BSA 或脱脂奶粉溶液）处理，封闭 NC 膜上的疏水结合位点。用目标蛋白的特异性抗体（一抗）处理 NC 膜——只有目标蛋白才能与一抗特异结合形成抗原抗体复合物，这样清洗除去未结合的一抗后，只有在目标蛋白的位置上结合着一抗。用一抗处理过的 NC 膜再与辣根过氧化酶（HRP）或同位素标记的二抗起反应（二抗是指一抗的抗体，如一抗是从鼠中获得的，则二抗就是抗鼠 IgG 的抗体），带有标记的二抗与一抗结合形成抗体复合物，经过底物显色或放射自显影可以指示一抗的位置，即待研究的目标蛋白的位置以及目标蛋白的相对含量。蛋白质免疫印迹技术的基本操作流程见图 13-2。

表 13-2　常用固相载体

	硝酸纤维素（NC）膜	尼龙膜	聚偏二氟乙烯（PVDF）膜
灵敏度和分辨率	高	高	高
背景	低	较高	低
结合能力	80～110μg/cm^2	＞400μg/cm^2	125～200μg/cm^2（适合于 SDS 存在下与蛋白质的结合）
材料质地	干的 NC 膜易脆	软而结实	机械强度高
溶剂耐受性	无	无	有
操作程序	缓冲液润湿，避免气泡	缓冲液润湿	使用前 100%甲醇润湿

续表

	硝酸纤维素（NC）膜	尼龙膜	聚偏二氟乙烯（PVDF）膜
检测方式	常规染色，可用于放射性和非放射性检测	不能用阴离子染料	常规染色，可用考马斯亮蓝染色，可用于增强化学发光法（ECL）检测，快速免疫检测
适用范围	0.45μm：一般蛋白 0.2μm：＜20kDa 蛋白 0.1μm：＜7kDa 蛋白	低浓度小分子蛋白、酸性蛋白、糖蛋白和蛋白多糖（主要用在核酸检测中）	糖蛋白检测和蛋白质测序
价格	较便宜	便宜	较贵

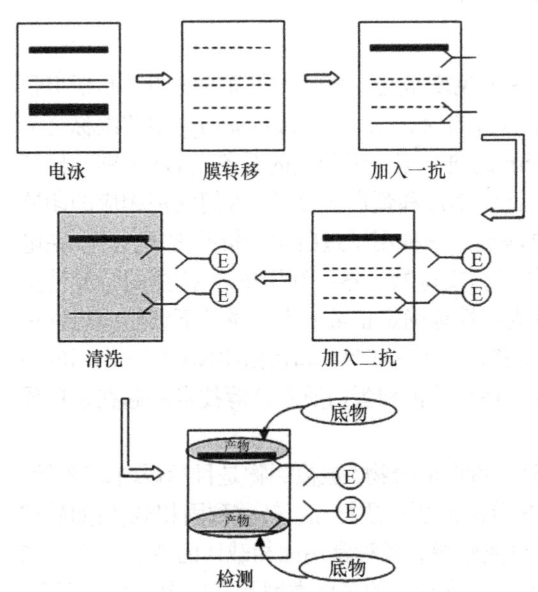

图 13-2　蛋白质免疫印迹技术基本操作流程

蛋白质免疫印迹技术的操作流程具体介绍如下。

1. 膜转移　蛋白质经 SDS-PAGE 分离后，必须及时从凝胶中转移到固相支持物上，固相支持物能牢固地结合蛋白又不影响其抗原活性，而且支持物本身还有免疫反应惰性，这使其比直接在凝胶上检测更易操作，试剂用量更少，更省时，效果更好。

蛋白质从凝胶向膜转移的过程普遍采用电转印法，分为半干式和湿式转印两种模式，与 SDS 结合的蛋白由于带有负电荷，在电场中向正极迁移，并最终结合在固相支持物上。两种方法均卓有成效且各有所长，实验者可根据不同的实验情况进行选择。本实验将介绍和使用半干转法（图 13-3）。

注意要点：

（1）样品属性、膜类型、凝胶浓度以及转移缓冲液均会影响蛋白质的转移效率，比如小分子量蛋白与大分子量蛋白相比，迁移迅速，但结合不牢固。

（2）蛋白与固相支持物结合的程度受多种因素影响，如膜属性（孔径和类型）、缓冲液属性（pH、盐离子种类、盐浓度、去垢剂等），如实验结果不佳，可分别进行优化。

（3）如果转膜与电泳的缓冲液系统不同，转膜前应将凝胶在转膜缓冲液中平衡，防止凝胶膨胀或收缩，以保证条带清晰完整。

（4）提高蛋白质转移效率的方法：转移缓冲液中加入甲醇或低浓度的 SDS（0.02%～0.1%），使用小孔径膜，转移后立即用戊二醛交联。

（5）转膜时间和电流大小可根据蛋白分子量大小灵活调整。

（6）转膜效果可以观察所使用的预染蛋白质分子量标准，通常分子量最大的 1～2 条带较难全部转到膜上；也可以用丽春红染色液对膜进行染色，以观察实际的转膜效果；或用考马斯亮蓝快速染色液对完成转膜的 SDS-PAGE 胶进行染色，以观察蛋白的残留情况。

图 13-3　Bio-Rad 半干电转膜仪

2. 封闭　在进行抗体杂交之前，需要采用异源性蛋白质先对转印膜进行封闭，防止免疫试剂的非特异性吸附，从而降低背景，增加灵敏度，提高信噪比。常用的封闭物有脱脂奶粉和BSA（稀释于不同的缓冲液中），但不同的抗原-抗体反应，其封闭条件也不相同，没有适合于所有系统的封闭液，具体封闭条件（包括封闭液浓度、缓冲液种类、封闭时间、温度等）需自行优化。

注意要点：

（1）影响非特异性结合的因素很多，针对不同的免疫原，可进行封闭条件优化，没有通用的封闭液，因为每个抗原-抗体反应都具有独特的性质。

（2）在选择封闭物时，最重要的标准是信噪比，封闭条件不足，会导致过多的背景噪声，封闭条件过度，会造成信号变弱。

（3）可根据不同的检测系统（碱性磷酸酶或HRP）、蛋白质属性（分子量大小）选择适当的封闭物及缓冲液（PBS或TBS）。

3. 杂交　封闭后，目标蛋白便与特异性的一抗进行免疫反应，一抗可以是标记的，也可以是非标记的。标记的一抗与免疫原结合后，可直接进行检测（直接法），虽然降低了背景和非特异性结合，但信号较弱。非标记的一抗配合标记的二抗使用（间接法），对信号有级联放大作用，可以增加灵敏性和信噪比。二抗既可标记放射性同位素，也可标记染料或其他分子，或与酶偶联。常用的酶包括碱性磷酸酶和HRP，通过与底物反应产生光信号。

注意要点：

（1）标记方法的选择视灵敏度和易操作性而定，通常有四种标记系统：化学发光、放射性同位素、荧光和化学荧光。

（2）一般而言，一抗常用非标记的，但遇到特殊实验需要时，可以对一抗进行相应标记。

（3）单抗和多抗各有利弊，多抗便宜、制作省时、亲和力高，但特异性不佳；单抗特异性好、纯度高、重复性好，但制作工期长，价格较高。

（4）一抗稀释比例及反应条件（温度、时间）视抗体效价而定，并需根据实验结果进行优化，二抗一般可固定反应条件（建议1∶4000、室温1h）。

（5）清洗步骤对移除未结合试剂、降低背景、增加信噪比至关重要，清洗不够会造成较高背景，清洗过度会导致灵敏度降低，清洗液的成分可适当调整。

4. 显色发光　根据二抗的标记物不同，显色方法也不同，并通过胶片或影像系统（CCD）收集。较常用的检测系统有HRP标记二抗的增强化学发光（ECL）和DAB检测系统。

ECL法：利用HRP催化化学发光物质，生成一种不稳定的中间物质，其衰变时在暗室内形成明显的肉眼可见的化学发光带，利用胶片感光原理，将结果记录下来。

注意要点：

（1）根据不同的实验目的和需要（定量、半定量）选择不同的检测系统。

（2）反应液应覆盖均匀，尤其是边缘部分。

（3）信号应尽快采集，防止时间过长，导致信号失真。

（4）信号强度应有一个由弱到强的梯度，以免结果信息遗失，区分度不大。

Western blot法是分子生物学、生物化学和免疫遗传学中时常会用到的一种实验方法，并且是一种能对蛋白进行定性和半定量的分析方法，是通过特异性抗体对凝胶电泳处理过的细胞或生物组织样品进行着色，并且通过分析着色的位置和着色的深度，获得特定蛋白质在所分析的细胞或组织中表达情况的信息。

Western blot法的主要优点在于，它能够从生物组织的粗提物或部分纯化的粗提物中检测和识别几种特异的蛋白质。将SDS聚丙烯酰胺凝胶电泳（SDS-PAGE）分离的蛋白质从聚丙烯酰胺凝胶上通过电转移到一张合适的印迹膜上，随后用和灵敏检测系统相偶联的抗体来识别结合在膜上的一种或几种蛋白质。这一技术的灵敏度能达到标准的固相放射免疫分析的水平而又无须像免疫沉淀法那样必须对靶蛋白进行放射性标记。因此，要对非放射性标记蛋白组成的复杂混合物中的某些特定蛋白进行鉴别和定量时，Western blot 法极为有用。此外，由于蛋白质的电泳分离几乎总在变性条件下进行，因此溶解、聚集以及靶蛋白与外来蛋白的共沉淀等诸多问题全都无须加以考虑。

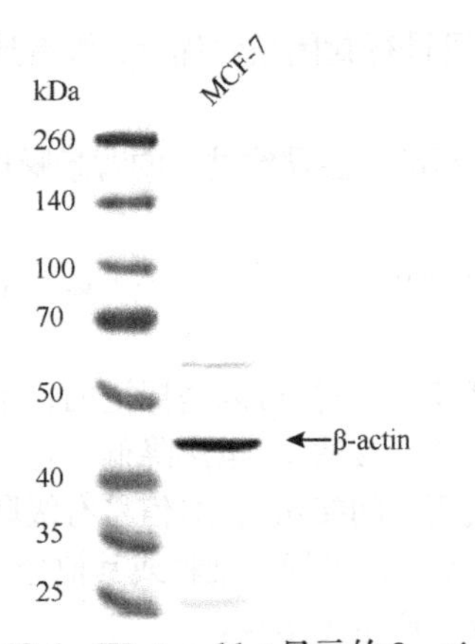

图 13-4　Western blot 显示的 β-actin 条带及其相对分子量

β-actin 即“肌动蛋白”，其广泛分布于各种组织中，是细胞的一种重要骨架蛋白；同时 β-actin 在细胞分泌、吞噬、移动、胞质流动和胞质分离等过程中起着重要的作用。β-actin 抗体是 Western blot 很好的内参指数。内参即内部参照（internal control），对于哺乳动物细胞表达来说，一般是指由管家基因编码表达的蛋白。它们在各组织和细胞中的表达相对恒定，在检测蛋白的表达水平变化时常用来作参照物。常用的蛋白质内参有细胞骨架蛋白 β-actin 或微管蛋白（β-tubulin）和甘油醛-3-磷酸脱氢酶（glyceraldehyde-3-phosphate dehydrogenase，GAPDH）等。因此 β-actin 抗体、β-tubulin 抗体以及 GAPDH 抗体成为最常见的三个动物细胞内参抗体。本实验通过检测培养细胞中 β-actin 的表达（图 13-4），使学生掌握 Western blot 法的基本流程和操作技能。

【操作步骤】

1. 样品的 SDS 聚丙烯酰胺凝胶电泳　按 SDS-PAGE 实验的操作步骤进行。

2. Western blot 半干转法转移印迹

（1）电泳结束前 30min，切 6 块海绵垫和 1 张 NC 膜，其大小都应与凝胶大小完全吻合，NC 膜先浸入蒸馏水中 10～20min，再浸入转膜缓冲液中平衡 30min。切海绵垫和膜时一定要戴干净手套，因为手上的蛋白会污染膜。如果使用 PVDF 膜，使用前在无水甲醇中浸泡 1～2min，是为了活化 PVDF 膜上面的正电基团，使它更容易与带负电的蛋白质结合，做小分子的蛋白转移时多加甲醇也是这个目的。

（2）取出凝胶后应注意分清上、下，可以在右上角裁一个小角。之后有两种方法供选择，一是按照 marker 指示，把含有自己感兴趣的蛋白的胶裁下来；二是把整张胶转膜，前一种方法更加节约材料，但操作稍微烦琐。在加有转膜缓冲液的培养皿里放入裁好的凝胶平衡 10min 左右，是为了除去胶上多余的 SDS。

（3）按图 13-5“凝胶三明治”结构（3 块海绵垫—凝胶—NC 膜—2 块海绵垫）逐层铺平，注意每叠一层就要用玻璃棒或圆筒试管滚动，以除去所有气泡。用干净纱布将叠层上面和周围的多余缓冲液吸干（这一步很重要，宁可太干也不能太湿，太干容易烧糊，太湿的话，多余的缓冲液会导致电流短路，大大降低转移效率）。最后，将转移槽的上盖扣上，接通电源开始转膜（具体转膜时间及电流大小依据目的蛋白分子量大小决定，目的蛋白的分子量越大，需要的转膜时间越长，目的蛋白的分子量越小，需要的转膜时间越短）。转完后立即清洗设备，特别是金属上盖，转膜液特别容易在金属上盖上形成结痂，影响设备的正常使用。

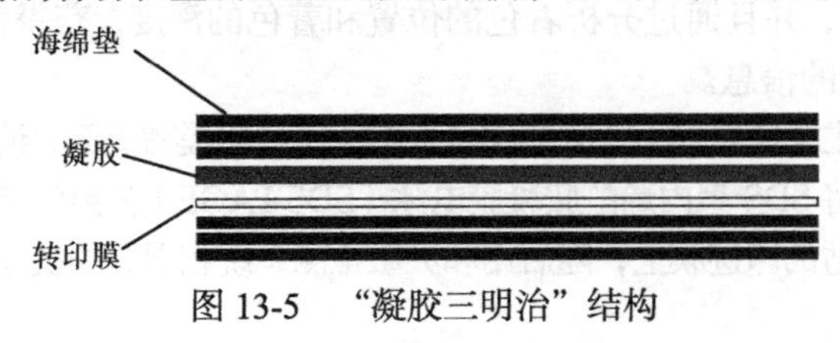

图 13-5　“凝胶三明治”结构

（4）为了便于观察电泳效果和转膜效果，以及判断蛋白分子量大小，最好使用预染。传统方法是将膜用 1×丽春红 S 染液染 5min（于脱色摇床上摇）。然后用水冲洗掉没染上的染液，就可以看到膜上的蛋白。使用预染 marker 的话，可以看到 marker 的颜色转印到了膜上，但是凭借这个颜色来判断是否转印完全或转印过头是不可靠的。

3. 免疫杂交反应

（1）将膜移至含有封闭液的平皿中，室温下脱色摇床上摇动封闭 1～2h 即可。

（2）将一抗用封闭液稀释至适当浓度（稀释比例按照抗体产品说明或预实验进行摸索，稀释后应在 2～3 天内使用，4℃保存，避免反复冻融），将抗体溶液加到封口袋或抗体孵育盒中；从封闭液中取出膜，用滤纸吸去残留液后，将膜蛋白面朝下放于抗体液面上，4℃孵育过夜。次日，用洗膜缓冲液（TBST）在室温下脱色摇床上洗 NC 膜 3 次，每次 10min。

（3）在培养皿内加入稀释的二抗液（用封闭液稀释，一般 1∶1000 甚至 1∶10 000），放在摇床上，室温下孵育 1～2h 后，用 TBST 在室温下脱色摇床上洗 3 次，每次 10min，进行化学发光反应。

4. 化学发光（ECL）、显影、定影

（1）先在工作台上铺一张保鲜膜，将 NC 膜放在保鲜膜上。将 ECL 发光液的 A 液和 B 液各 0.5ml 在 EP 管内混合均匀，半小时内可用。吸取适量发光液均匀覆盖于膜上，反应 1～2min 后，将 NC 膜上多余的 ECL 发光液吸干，转移到在 X 线片夹中预先铺好的保鲜膜上一侧，把另一侧翻过来盖在其上，用透明胶把保鲜膜固定在片夹上。

（2）在暗室中，将 1×显影液和定影液分别倒入塑料盘中；在红灯下取出 X 线片，用切纸刀剪裁适当大小（比膜的长和宽均需大于 1cm）；打开 X 线片夹，把 X 光片放在膜上，一旦放上，便不能移动，关上 X 线片夹，开始计时；根据信号的强弱适当调整曝光时间，一般为 1～2min，也可选择不同时间多次压片，以达最佳效果；曝光完成后，打开 X 线片夹，取出 X 线片，迅速浸入显影液中显影，待出现明显条带后，即刻终止显影。显影时间一般为 1～2min（20～25℃），温度过低时（低于 16℃）需适当延长显影时间；显影结束后，马上把 X 线片浸入定影液中，定影时间一般为 5～10min，至胶片透明为止；用自来水冲去残留的定影液后，室温下晾干（注意：显影和定影需移动胶片时，尽量拿胶片一角，手指甲不要划伤胶片，否则会对结果产生影响）。X 线片一般选用柯达原装的生物实验专用柯达 X-OMATBT 胶片。显影液和定影液最好每周配制一次，避光室温保存。

5. 凝胶图像分析　将胶片进行扫描或拍照，用凝胶图像处理系统（比如 Bio-Rad 的 Quantity One）分析目标带的分子量和净光密度值。

【注意事项】

1. 从裁剪滤纸到安装整个转移装置，都要戴手套操作，防止污染。

2. 滤纸、滤膜应与凝胶大小完全吻合，并要精确对齐，防止短路。

3. 加入底物显色时，应仔细观察，蛋白主条带出现后应立即取出，终止反应，否则非特异性结合背景太高，影响实验效果。

【试剂】

1. SDS-聚丙烯酰胺凝胶电泳相关试剂。

2. 10×转膜缓冲液：甘氨酸 151.1g，Tris 30.3g，加蒸馏水定容至 1000ml。

10×转膜缓冲液使用说明：溶解后室温保存，用时稀释 10 倍，并加入甲醇至 20%。通常取 80ml 母液，加 560ml 蒸馏水，再加 160ml 甲醇，配制成 800ml 即可（先加甲醇易产生沉淀）。

3. 丽春红 S 染液。

（1）储存液：2.0g 丽春红 S + 30g 三氯乙酸 + 30g 磺基水杨酸，加水至 100ml。

（2）使用液：使用前取 1 份储存液加 9 份去离子水，混匀使用后即废弃。

4. 封闭液（5%脱脂奶粉）：5g 脱脂奶粉+ 80ml 1×TBST，充分溶解后补足 1×TBST 至 100ml。

5. 10×TBS 缓冲液：Tris 24.2g，NaCl 80.0g，蒸馏水定容至 1000ml。特别说明：应以浓盐酸调 pH 至 7.6，溶解后室温保存。10×TBS 缓冲液使用说明：10×TBS 缓冲液 100ml，加 1ml 吐温 20，用蒸馏水定容至 1L。

6. 抗体稀释液：同封闭液。

7. 一抗：兔抗 β-actin。

8. 二抗：羊抗兔 IgG/HRP。

9. ECL 发光液（ECL Western blotting detection reagent）。

10. 显影、定影液：D72 显影粉、D72 定影粉按说明配成工作液。

【器材】

电泳仪、垂直板电泳槽、Bio-Rad 半干电转膜仪、NC 膜、海绵垫、直径 15cm 的培养皿、抗体孵育盒、封口塑料袋、封口机、X 线片、X 线片曝光盒、PVDF 膜等。

【思考题】

1. Western blot 一般用于什么样的实验？
2. 如何较好地设置 Western blot 内参？
3. 如果一抗是兔来源的，应该选择什么样的二抗？
4. 如果最后显影没有出现任何条带或者出现很多条带，请分析可能的原因。

（范　雁）

实验 24　免疫共沉淀（Co-IP）研究蛋白质相互作用

【目的与要求】

1. 了解免疫共沉淀技术研究蛋白质相互作用的基本原理。
2. 熟悉并掌握免疫共沉淀的实验方法和常规操作。

【实验原理】

免疫共沉淀（co-immunoprecipitation，Co-IP）是以抗体和抗原之间的专一性作用以及细菌的 protein A/G 特异地结合到免疫蛋白的 Fc 片段为基础的，用于研究蛋白质相互作用的经典方法，是确定两种蛋白质在完整细胞内生理性相互作用的有效方法。

当细胞在非变性条件下被裂解时，完整细胞内存在的许多蛋白质-蛋白质间的相互作用被保留了下来。如果用蛋白质 X（抗原）的抗体免疫沉淀 X，那么与 X 在体内结合的蛋白质 Y（相互作用蛋白）也能沉淀下来。目前多用精制的 protein A/G 预先结合固化在琼脂糖（agarose）的珠子（beads）上，使之与含有抗原的溶液及抗体反应后，beads 上的 protein A/G 就能吸附抗原，达到精制的目的（图 13-6）。这种方法常用于测定两种目的蛋白质是否在体内结合；也可用于确定一种特定蛋白质的新的作用搭档。

在细胞裂解液中加入抗目的蛋白 X 的抗体，孵育后再加入能与抗体特异结合的结合于 agarose beads 上的 protein A/G，与细胞中的目的蛋白结合，就形成一种复合物“目的蛋白 Y/目的蛋白 X-抗目的蛋白 X 抗体-protein A/G”，经变性 SDS-PAGE，复合物又被分开，然后经免疫印迹或质谱检测目的蛋白。这种方法得到的目的蛋白是在细胞内与其他的目的蛋白天然结合，符合体内实际情况，得到的结果可信度高。

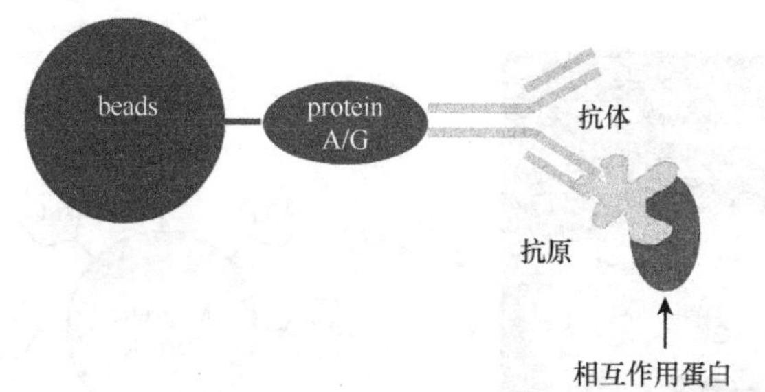

图 13-6　与抗原相互作用的蛋白被 protein A/G-抗体共沉淀

免疫共沉淀的实验流程（图 13-7）：①蛋白样品准备：如果为细胞样品，需先裂解细胞；②抗原抗体结合反应；③protein A/G 与抗原抗体复合物结合；④免疫复合物与 protein A/G 解离：一般采用 2% SDS 煮沸 5min 处理样品；⑤分析鉴定：应用 SDS-PAGE、Western blot 或质谱仪分析鉴定样品。实验的每步都非常关键，需要严格控制实验流程中每个关键步骤的质量，才能达到最终的实验目的。

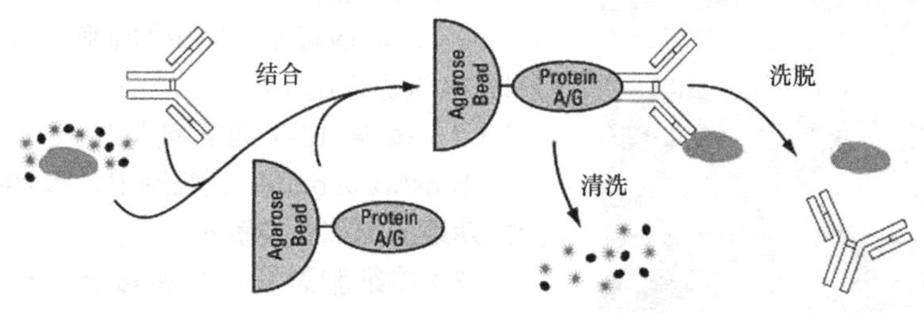

图 13-7　免疫共沉淀的实验流程

其优点为：①相互作用的蛋白质都是经翻译后修饰的，处于天然状态；②蛋白的相互作用是在自然状态下进行的，可以避免人为的影响；③可以分离得到天然状态的相互作用蛋白复合物。

其缺点为：①可能检测不到低亲和力和瞬间的蛋白质-蛋白质相互作用；②两种蛋白质的结合可能不是直接结合，而可能有第三者在中间起桥梁作用；③必须在实验前预测目的蛋白是什么，以选择最后检测的抗体，所以，若预测不正确，实验就得不到结果，方法本身具有冒险性。

周期蛋白依赖性蛋白激酶（cyclin-dependent kinase，CDK）是一组丝氨酸/苏氨酸蛋白激酶，CDK 通过对丝氨酸/苏氨酸蛋白的化学作用驱动细胞周期，和周期蛋白（cyclin）协同作用，是细胞周期调控中的重要因子。CDK 可以和 cyclin 结合形成异二聚体，其中 CDK 为催化亚基，cyclin 为调节亚基，不同的 cyclin-CDK 复合物，通过 CDK 活性，催化不同底物磷酸化，而实现对细胞周期不同时相的推进和转化作用。Cyclin B 一般在 G_1 晚期开始合成，通过 S 期，到达 G_2 期，cyclin B 含量到达一定程度，并进入核内与 CDK1 结合，从而 CDK1 激酶活性开始出现。CDK1 的活性与 cyclin B 含量有密切关系。

本实验使用美国 Thermo Scientific 公司研发的免疫共沉淀试剂盒（Pierce™ Classic Magnetic IP/Co-IP Kit）（图 13-8）验证 cyclin B 与 CDK1 之间的相互作用（图 13-9）。

Thermo Scientific pierce protein A/G 磁珠与 CDK1 抗体结合，通过抗体介导与 CDK1-cyclin B 复合物结合，形成磁珠-CDK1 抗体-CDK1/cyclin B 复合物，即 cyclin B 与 CDK1 共沉淀。形成的磁珠-CDK1 抗体-CDK1/cyclin B 复合物用磁珠架（图 13-10）收集。

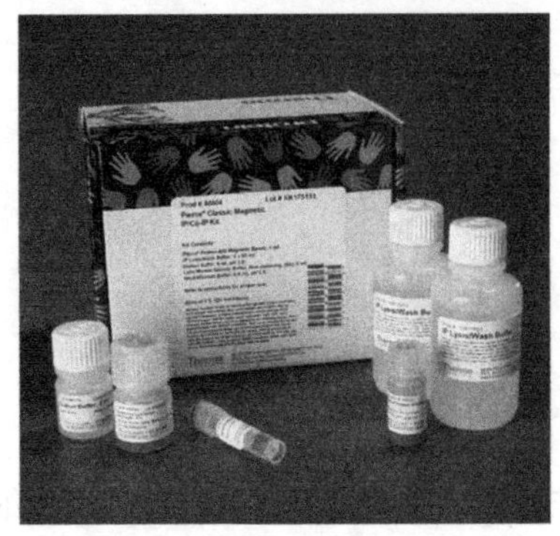

图 13-8 免疫共沉淀试剂盒

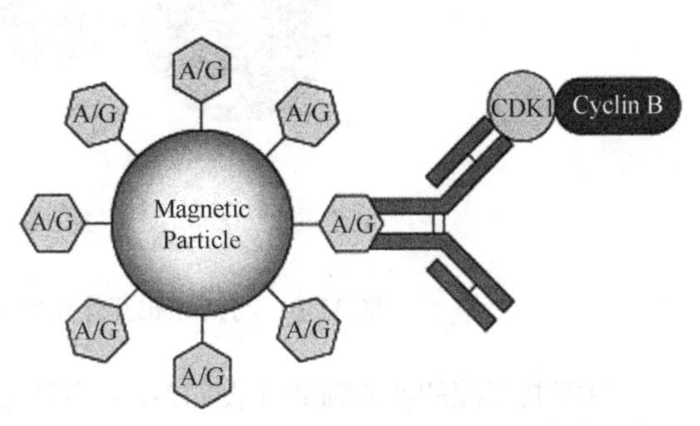

图 13-9 cyclin B 与 CDK1 之间的免疫共沉淀示意图

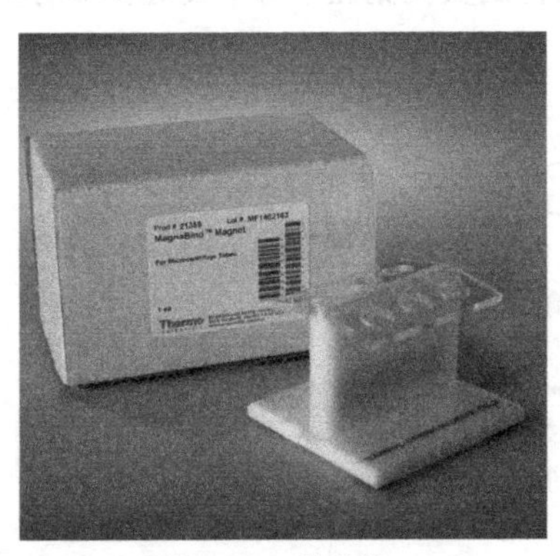

图 13-10 磁珠架

【操作步骤】

1. 细胞裂解

（1）小心吸掉培养瓶中的细胞培养液，用预冷的 1×PBS 洗涤细胞 1 次。

（2）按表 13-3 推荐剂量加入预冷的免疫沉淀（IP）lysis/wash buffer 到细胞中，冰上孵育 5min，其间定期地摇匀细胞裂解液。

（3）将细胞裂解产物转移至 1.5ml 的 EP 管，13 000r/min 离心 10min 以沉淀细胞碎片。

（4）转移上清液至一个新的 1.5ml 的 EP 管中，取一部分上清液进行蛋白质的浓度测定，其余的用于下一步分析。

表 13-3 IP lysis/wash buffer 加入不同细胞培养容器的推荐剂量

容器规格	lysis/wash buffer 体积
100mm×100mm 培养皿	500～1000μl
100mm×60mm 培养皿	250～500μl
6 孔板	200～400μl/孔
24 孔板	100～200μl/孔

2. 准备免疫复合物

注意：所需的样品及孵育时间取决于每个特定的抗原-抗体系统；为了得到最大的沉淀量，对具体的抗原-抗体系统需要进行条件的优化。以下操作是针对 2～10μg 亲和纯化抗体，如果需要，可按比例进行调整。

（1）取一 1.5ml 的 EP 管，将细胞裂解产物与 2～10μg 的用于 IP 的抗体混合（每个 IP 反应中，细胞裂解产物总蛋白含量建议为 500～1000μg）。

（2）用 IP lysis/wash buffer 稀释抗体/裂解液至 500μl。

（3）室温孵育 1～2h 或 4℃过夜，以形成免疫复合物。

3. 免疫沉淀操作

注意：为了确保磁珠的均匀，请反复颠倒磁珠瓶或轻轻旋涡振荡或使用摇床以达到充分混匀的目的。

（1）取一 1.5ml 的 EP 管，加入摇匀的 25μl（0.25mg）Pierce protein A/G 磁珠。

（2）加入 175μl 的 IP lysis/wash buffer 到磁珠中，旋涡振荡混匀。

（3）将 EP 管放到磁珠架上，收集离心管壁上的磁珠，移去上清液。

（4）加入 1ml 的 IP lysis/wash buffer 至 EP 管，反复颠倒 EP 管数次或者轻轻旋涡振荡 1min 混匀。用磁珠架收集磁珠，移去上清液。

（5）将第二部分准备的抗原样品/抗体混合物加入到含有事先洗好的磁珠的 EP 管中，放置摇床上室温孵育 1h。

（6）将上述 EP 管中的磁珠用磁珠架收集，吸出未结合的样品液。

（7）加入 500μl 的 IP lysis/wash buffer 至上述 EP 管中，轻轻摇晃混匀，用磁珠架收集磁珠，弃去上清液。重复洗 2 次。

（8）在 EP 管中加入 500μl 超纯水，轻轻摇匀，用磁珠架收集磁珠，弃去上清液。

（9）低 pH 洗脱：EP 管中加入 100μl elution buffer，放置摇床上室温孵育 10min。用磁珠架分离磁珠，保留含有目标抗原的上清液，为了中和低 pH，每 100μl 洗脱液中加入 10μl 的 neutralization buffer。

其他的洗脱方法：EP 管中加入 100μl 的 lane marker sample buffer（用纯水稀释 5 倍），在沸水浴中加热 10min，用磁珠架分离磁珠，保留含有目标抗原的上清液。

注意：如果要用兔的一抗或二抗做 Western blot 实验，请不要加热样品，摇床上室温孵育 10min。

（10）SDS-PAGE，Western blot 法分析检测结合的抗原、抗体（图 13-11）。

U2OS（人类骨肉瘤）细胞通过血清饥饿法使细胞同步化分裂至 G_2 期，然后在含 20%胎牛血清的培养液中继续培养，18h 后收集细胞。免疫沉淀物经 SDS-PAGE 分离后，采用免疫印迹法分析 CDK1，结果见图 13-11。

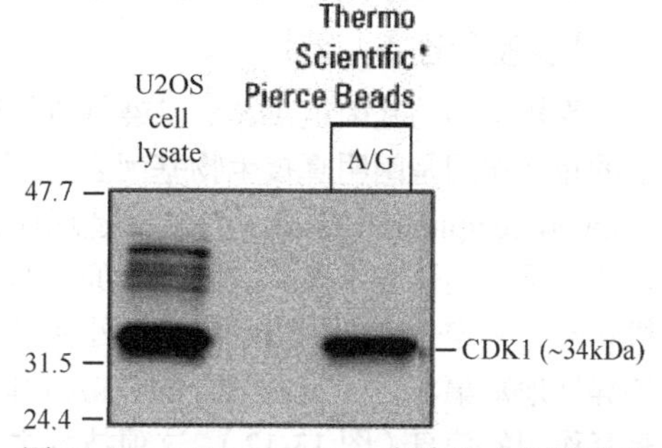

图 13-11　CDK1/cyclin B 复合物中检测到的 CDK1 条带

【注意事项】

1. 细胞裂解采用温和的裂解条件，不能破坏细胞内存在的所有蛋白质-蛋白质相互作用，多采用非离子变性剂（NP40 或 Triton X-100）。每种细胞的裂解条件是不一样的，通过经验确定。不能用高浓度的变性剂（0.2% SDS），细胞裂解液中要加各种酶抑制剂，如商品化的 protease cocktail。

2. 使用明确的抗体，可以将几种抗体共同使用。

3. 使用对照抗体。

（1）单克隆抗体：正常小鼠的 IgG 或另一类单抗。

（2）兔多克隆抗体：正常兔 IgG。

4. 确保共沉淀的蛋白是由所加入的抗体沉淀得到的，而并非外源非特异蛋白，单克隆抗体的使用有助于避免污染的发生。

5. 要确保抗体的特异性，即在不表达抗原的细胞溶解物中添加抗体后不会引起共沉淀。

6. 确定蛋白间的相互作用是发生在细胞中，而不是由于细胞的溶解才发生的，这需要进行蛋白质的定位来确定。

【试剂】

培养的 U2OS 细胞株、Pierce™ Classic Magnetic IP/Co-IP Kit（Thermo Scientific，

Cat#88804)、1×PBS 缓冲液(100mmol/L sodium phosphate，100mmol/L NaCl；pH 7.2)、Cyclin B、CDK1 抗体。

【器材】

高速冷冻离心机、水浴锅、水平摇床、微量移液器、磁珠架(Thermo Scientific，Cat#21359)、制冰机、旋涡振荡器。

【思考题】

1. 细胞裂解时为什么要采用温和的裂解条件?
2. 免疫共沉淀技术有什么应用意义?
3. Western blot 法分析检测洗脱液，如果没有得到任何条带，可能的原因有哪些?

(范　雁)

实验 25　染色质免疫沉淀法(ChIP)研究体内蛋白质与 DNA 的相互作用

【目的与要求】

1. 学习和掌握染色质免疫沉淀技术的原理及操作步骤。
2. 了解染色质免疫沉淀技术在医学生命科学领域的应用价值。

【实验原理】

真核生物的基因组 DNA 以染色质的形式存在。因此，研究蛋白质与 DNA 在染色质环境下的相互作用是阐明真核生物基因表达调控机制的基本途径。染色质免疫沉淀技术(chromatin immunoprecipitation assay，ChIP)是现代分子生物学研究，特别是表观遗传学的机制研究中一种非常重要的研究手段。它的基本原理是在活细胞状态下固定蛋白质-DNA 复合物，并将其随机切断为一定长度范围内的染色质小片段，然后通过免疫学方法沉淀此蛋白质-DNA 复合物，特异性地富集与目的蛋白结合的 DNA 片段，通过对目的片段的纯化与检测，获得蛋白质与 DNA 相互作用的信息(图 13-12)。这项技术主要用来分析目标基因有没有活性，或者分析一种已知蛋白(转录因子)的靶基因有哪些。

染色质免疫沉淀的 DNA 适用于多种分析方法。如果目的蛋白的靶序列是已知的或需要验证的，可采用狭缝杂交(slot blot)的方法，把靶序列特异性探针与染色质免疫沉淀的 DNA 杂交，来验证目的蛋白与 DNA 靶序列的特异性结合。还可以根据靶序列设计引物，用半定量 PCR 的方法进行测定，或采用 Real-Time PCR 方法进行定量分析。如果目的蛋白的靶序列是未知的或高通量的，可采用 Southern 杂交，但因为免疫沉淀的 DNA 量较少，所以在研究时通常要用 PCR 方法扩增 DNA 探针，再进行整个基因组扫描。还可以把沉淀的 DNA 克隆到载体中进行测序，寻找该序列附近的开放阅读框，发现新的基因调节序列。

ChIP 的一般流程分为五步(图 13-13)。

第一步：用甲醛在体内将 DNA 结合蛋白与 DNA 交联。

甲醛能有效地使蛋白质-蛋白质、蛋白质-DNA、蛋白质-RNA 交联，形成生物复合体，防止细胞内组分的重新分布。甲醛的交联反应是完全可逆的，便于在后续步骤中对 DNA 和蛋白质进行分析。交联所用的甲醛终浓度为 1%，交联时间通常为 5 分钟到 1 个小时，具体时间根据实验而定。值得注意的是，交联时间如果过长，细胞染色质难以用超声波破碎，影响 ChIP 结果，而且实验材料也容易在离心过程中丢失。交联时间如果过短，则交联不完全，产生假阴性。甲醛的交联反应可被加入的甘氨酸终止。

第二步：分离染色体（质），将与结合蛋白结合的 DNA 剪切成小片段。

交联后的染色质可被超声波或微球菌核酸酶（micrococcal nuclease，MNase）切成 400～600 bp 的片段（用琼脂糖凝胶电泳检测），以便暴露目的蛋白，利于抗体识别。超声波利用机械力断裂染色质，容易引起升温或产生泡沫，这都会引起蛋白质变性，进而影响 ChIP 的效率，所以在超声波断裂染色质时，要在冰上进行，并且要设计时断时续的超声程序，以保证低温。另外，超声探头要尽量深入管中，但不接触管底或侧壁，以免产生泡沫。总超声时间也不要太长，以免蛋白降解。

第三步：用特异性抗体与 DNA 结合蛋白结合，用沉淀法分离复合体。

第四步：解交联释放出 DNA，并消化蛋白质，纯化富集的 DNA 片段。

第五步：用 PCR 扩增特异 DNA 序列，以确定该特异序列是否与抗体共沉淀。

目前上述检测方法主要有 3 种：第 1 种是比较沉淀的模板与阴性和阳性对照 PCR 信号强度的普通 PCR 实验，或者相对精确的定量 PCR 方法。第 2 种是将沉淀的 DNA 与 DNA 微阵列杂交（ChIP-on-ChIP），以检测多基因轨迹全部的相互作用。第 3 种是高通量 DNA 测序分析。

ChIP 技术的优点：能够在体内捕获转录因子和靶基因的相互作用，能同时快速地提供一种或者多种基因的调控机制，因此有巨大的应用价值。

随着 ChIP 技术受到广泛的关注，运用该技术发表的文章也逐渐增多，大家开始越来越多地关注如何改进 ChIP 的方法。很多生物试剂公司推出的 ChIP 试剂盒，利用离心或磁珠分离 DNA-蛋白-抗体复合物，提高了 ChIP 的效率，简化了操作的过程，缩短了实验的时间，还为同时进行多个目的蛋白的研究提供了可能，是经常使用 ChIP 技术的研究人员的理想选择。

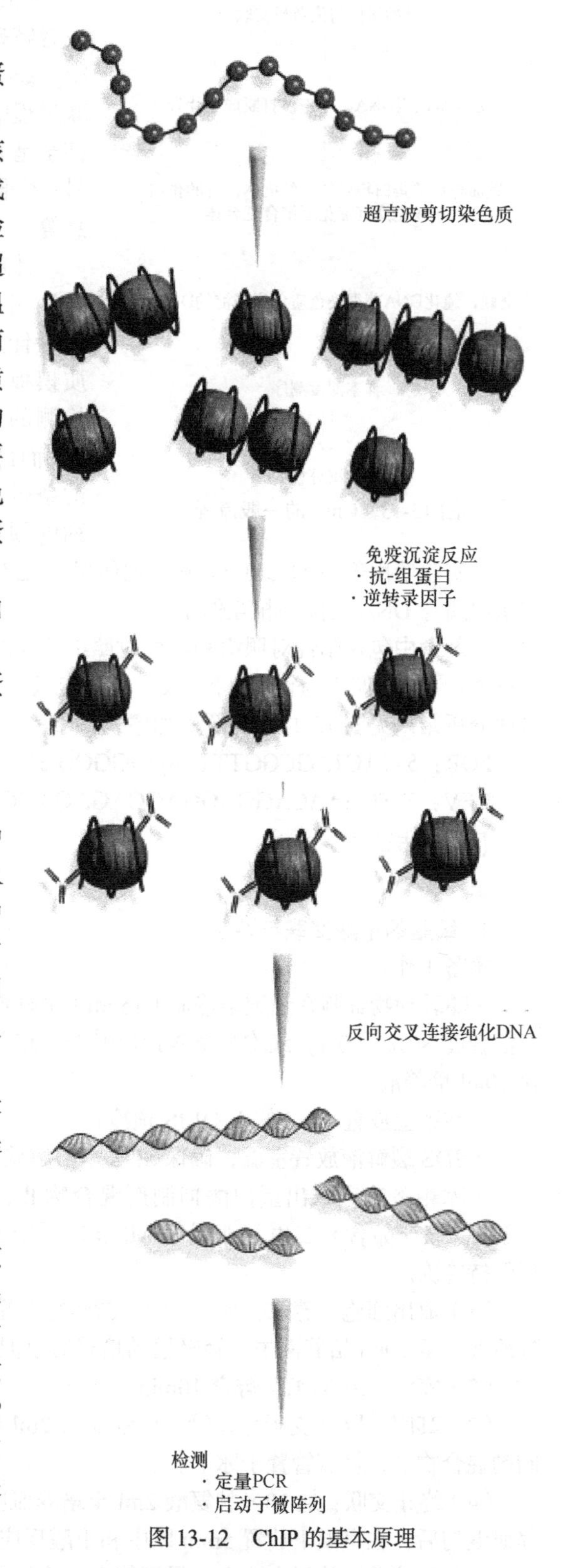

图 13-12　ChIP 的基本原理

目的蛋白与染色质交联

分离基因组DNA，超声波打断成小片段

添加与目的蛋白特异结合的抗体，目的蛋白形成免疫沉淀免疫结合复合体

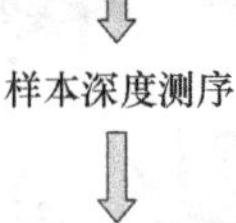

去交联，纯化DNA获得染色质免疫沉淀的DNA样本

样本深度测序

数据分析

图 13-13　ChIP 的一般流程

ChIP 技术的局限性：①该技术需要抗目的蛋白或者特殊修饰标签的高度特异性抗体，有时难于获得；②假阴性信号可能源于无效的抗体结合或者在交联过程中抗原受到干扰；③甲醛固定可能是暂时的，甚至是非特异的，可能导致相邻的蛋白形成假阳性信号；④难以同时得到多个蛋白质对同一序列结合的信息等。

针对前三方面，推荐在交联之后和抗体沉淀之前绘制一条标准曲线，以确定每次实验所需染色质的最佳量，确保材料的起始量相等。当检测的染色质模板（目的抗体的染色质免疫沉淀物）扩增出可检测的条带时，将染色质样品连续稀释以确定关键点；而此时对照染色质模板需要浓缩以扩增出可见的条带。总之，ChIP 的步骤需要精确且要求一系列的预实验。

本实验使用美国 MILLIPORE 公司研发的 EZ ChIP™ Chromatin Immunoprecipitation Kit 研究蛋白质与 DNA 之间的相互作用。

试剂盒中包含阳性对照组和阴性对照组抗体及其对照引物。阳性对照组使用 RNA 聚合酶Ⅱ抗体，阴性对照组为正常小鼠 IgG；实时定量 PCR 检测的 DNA 片段为 GAPDH 基因启动子，电泳分析结果见图 13-14。对照引物序列：

FOR：5'-TACTAGCGGTTTTACGGGCG-3′

REV：5'-TCGAACAGGAGGAGCAGAGAGCGA-3′

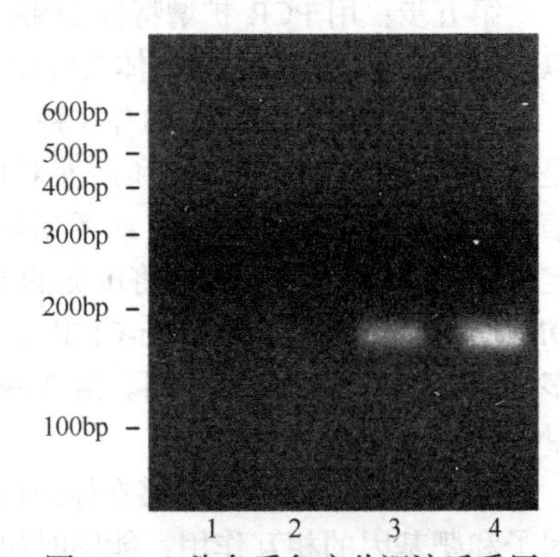

图 13-14　染色质免疫共沉淀后采用 PCR 分析 GAPDH 基因启动子

1：PCR 对照组（无 DNA）；2：正常小鼠 IgG ChIP 组；3：抗-RNA 聚合酶Ⅱ ChIP 组；4：Input 组

【操作步骤】

第一天：

1. 细胞的甲醛交联与裂解

预备工作：

· 哺乳动物细胞在细胞培养皿（15cm）中贴壁培养至汇合度 80%～90%，细胞数量≥1×10^7个，培养皿中含 20ml 培养液；

· 在冰上放置 42ml 的 1×PBS 预冷；

· SDS 裂解液放置室温，确保 SDS 呈溶解状态；

· 冰箱冷冻室取出蛋白酶抑制剂混合物Ⅱ，放室温解冻。该产品含有二甲基亚砜（DMSO），低于 18.4℃仍保持冷冻。

（1）取出细胞培养皿，加入 550μl 37%的甲醛溶液（或加入 1.15ml 新鲜配制的 18.5%的甲醛溶液）至 20ml 培养液中，轻轻摇动培养皿以混合，使得甲醛溶液的终浓度为 1%。

（2）室温（或 37℃）孵育 10min。

（3）其间，取 2 支干净试管，分别加入 2ml 预冷的 1×PBS，每管中再加入 5μl 蛋白酶抑制剂混合物Ⅱ，将试管置于冰上。

（4）终止交联：加 10×甘氨酸 2ml 至培养皿中，甘氨酸终浓度为 0.125mol/L。轻轻转动培养皿混匀后，在室温下放置 5min 以中和甲醛反应。

（5）将培养皿放置在冰上，尽可能多地将培养基吸尽，注意操作时尽量不要损伤细胞。

（6）以 20ml 预冷的 1×PBS 清洗细胞，吸尽 PBS，重复漂洗 1 次。

（7）加入 2ml 含蛋白酶抑制剂混合物Ⅱ的冰冷 PBS（步骤 3 制备）。

（8）用细胞刮刀将贴壁细胞刮下来，将细胞悬浊液收集于离心管中，4℃，700r/min 离心 5min，倒去上清液；收集细胞沉淀块（收集的细胞沉淀可于−80℃冻存）。

（9）离心期间，准备裂解液：在 1ml SDS 裂解液中加入 5μl 蛋白酶抑制剂Ⅱ混合液。

（10）细胞沉淀中加入 1ml 含 1×蛋白酶抑制剂混合物Ⅱ的 SDS 裂解液重悬细胞（按照细胞量，计算裂解液使用量，使得细胞终浓度为 1×10^6/100μl），裂解产物可进行下步操作或于−80℃冻存。

（11）将 300～400μl 裂解细胞悬液分装于微量离心管备用。

2. 超声破碎剪切 DNA

（1）超声破碎条件：50～100W 功率，1～2mm 超声探头，25%功率，4.5s 冲击，9s 间隙，普通贴壁细胞约 1×10^7 个细胞/ml 需要 10 次。超声过程中，细胞裂解产物置于冰水中，防止超声产生的热量使染色质变性。

（2）超声破碎结束后，12 000r/min，4℃离心 10min，去除不溶物质。

（3）分装 100μl 上清液于干净的微量离心管中（每 100μl 分装液相当于 1×10^6 个细胞的染色体剪切产物，足够进行一次免疫沉淀试验）。

（4）剪切的染色体交联产物可于−80℃冷冻保存 2 个月。

3. 免疫沉淀交联的 protein/DNA

（1）准备足量的含有蛋白酶抑制剂混合物Ⅱ的 ChIP 稀释液，冰上保存。每个 IP 试验需要 900μl ChIP 稀释液+ 4.5μl 蛋白酶抑制剂混合物Ⅱ。

注：IP 应设置阳性对照（anti-RNA polymerase Ⅱ）和阴性对照（normal IgG），阴性对照 IgG 应保持与目的抗体来源种属一致。

（2）取出一管装有 100μl 剪切的染色体交联产物，置于冰上。

（3）每管中加入 900μl ChIP 稀释液（含有 4.5μl 蛋白酶抑制剂）。

（4）为去除和 protein G agarose 非特异性结合的蛋白质或 DNA，加入 60μl 的 protein G agarose（50% 的浆液），轻轻翻转混合，4℃旋转孵育 1h。

（5）3000r/min 短暂离心 1min，沉淀 protein G agarose，收集上清液。

（6）取出 10μl 上清液作为 input 组（没有进行 ChIP，包含样本超声后总 DNA，可以进行电泳以检测超声效果），4℃保存，第四部分第一步备用。

（7）收集剩余的上清液，将约 1ml 的上清液分装至干净的离心管中，弃去琼脂糖沉淀。

（8）每管上清液加入 1～10μg 一抗，4℃摇动旋转过夜（阳性对照组加入 1.0μg 抗 RNA 聚合酶Ⅱ抗体，阴性对照组加入 1.0μg 小鼠 IgG，实验组加入 1～10μg 目的蛋白抗体，具体抗体用量及孵育时间需根据经验摸索）。

第二天：

（9）每个免疫沉淀反应管中加入 60μl 的 protein G agarose，4℃旋转摇动 1h，以沉淀抗体/抗原/DNA 复合物。

（10）4℃，3000r/min 短暂离心 1min，沉淀 protein G agarose，移除上清液，开始下步洗脱过程。

（11）将离心得到的 protein G agarose/抗体/染色质复合物沉淀按以下次序重悬于 1ml 洗脱液中，摇床孵育 3～5min，3000r/min 短暂离心 1min，小心吸去上清液，收集沉淀。

a. 低盐免疫复合物洗脱液，洗 1 次；

b. 高盐免疫复合物洗脱液，洗 1 次；

c. LiCl 免疫复合物洗脱液，洗 1 次；

d. TE Buffer，洗 2 次。

4. 洗脱蛋白质/DNA 复合物

（1）制备新鲜洗脱液，按每管需要 200μl 的量配制洗脱液：10μl 20% SDS，20μl 1mol/L $NaHCO_3$溶液，170μl 无菌蒸馏水。

（2）input 管中加入 200μl 洗脱液，室温放置，步骤五第一步备用。

（3）其他 IP 管中，现在得到的是 protein G agarose/抗体/染色质复合物，加入 100μl 新配制的洗脱液，手指轻弹管底以混合，室温放置 15min。

（4）3000r/min 短暂离心 1min，移取上清液到新的离心管。重复 3、4 洗脱步骤，合并两次洗脱液，总体积约为 200μl。

5. 蛋白质/DNA 复合物的解交联，释放 DNA

（1）所有管（IP 组和 input 组）中加入 8μl，5mol/L NaCl 进行解交联，65℃孵育 4～5h 或过夜。此步得到的样品可于−20℃冻存。

第三天：

（2）解交联结束后，每管加入 1μl RNaseA，37℃孵育 30min。

（3）每管加入 4μl 0.5mol/L EDTA，8μl 1mol/L Tris-HCl，1μl 蛋白酶 K。45℃孵育 1～2h。

6. DNA 纯化

（1）每管中（总体积约 200μl）加入 1ml bind reagent“A”，混合均匀。

（2）转移 600μl 的样品/ bind reagent“A”混合物到离心柱中，10 000～15 000*g*（12 000～14 000r/min）离心 30s。

（3）将收集管中的液体倒掉。

（4）转移剩余的 600μl 样品/ bind reagent“A”混合物到离心柱中，重复上述步骤 2、3。

（5）加 500μl wash reagent“B”至离心柱中，12 000～14 000r/min 离心 30s。

（6）将收集管中的液体倒掉。

（7）将空的离心柱放回收集管，12 000～14 000r/min 离心 30s。

（8）弃去收集管及液体，将离心柱放入一个新的干净的收集管。

（9）将 50μl elution buffer“C”直接加在离心柱中央的白色膜上，12 000～14 000r/min 离心 30s。

（10）弃去离心柱，收集管中的洗脱液就是纯化的 DNA。纯化的 DNA 立即进行 PCR 分析或−20℃冻存。

7. PCR 分析 比较传统的做法是半定量-PCR。但是现在随着荧光定量 PCR 的普及，大家也越来越倾向于实时定量 PCR（见实验 22）。

8. PCR 产物用琼脂糖凝胶电泳检测 扩增产物用含有 EB 的 1.5%琼脂糖凝胶电泳，加样量为 10μl（DNA 样本 8μl+上样缓冲液 2μl），电压 120V，电泳完毕后凝胶成像系统拍照。

9. 凝胶图片与平均光密度值 阳性条带以 Gel pro4.0 版凝胶光密度分析软件进行分析，测其平均光密度值（IOD 值）。计算 R 值（目的基因参考 IOD 值/内参基因 GAPDH 参考 IOD 值）。

【注意事项】

1. 注意抗体的性质。抗体不同，和抗原结合的能力也不同，用蛋白质印迹法（即 Western blot）能结合的抗体未必能用在 IP 反应。建议仔细检查抗体的说明书，特别是多抗的特异性问题。

2. 注意溶解抗原的缓冲液的性质。多数的抗原是细胞构成的蛋白，特别是骨架蛋白，缓冲液必须要使其溶解。为此，必须使用含有强界面活性剂的缓冲液，尽管它有可能影响一部分抗原抗体的结合。如果用弱界面活性剂溶解细胞，就不能充分溶解细胞蛋白。即便能够溶解也会产生与其他蛋白结合的结果，抗原决定簇被封闭，影响与抗体的结合。即使 IP 成功，也是很多蛋白与抗体共沉淀的悲惨结果。

3. 为防止蛋白的分解，修饰，溶解抗原的缓冲液必须加蛋白酶抑制剂，低温下进行实验。每次实验之前，首先考虑抗体/缓冲液的比例。抗体过少就不能检出抗原，过多则就不能沉降在琼脂糖珠上，残存在上清液中。缓冲剂太少则不能溶解抗原，过多则抗原被稀释。

【试剂】

1. 实验材料：细胞样品。
2. 试剂盒：EZ ChIP™ Chromatin Immunoprecipitation Kit（MILLIPORE）。
3. 自备试剂：ChIP 级抗体、甲醛、*Taq* DNA 聚合酶、dNTPs（每种 NTP 浓度为 2.5mmol/L）、设计合成的 PCR 引物、无 DNase 和 RNase 的灭菌水。

【器材】

高速离心机、旋涡振荡器、摇床、超声波粉碎仪、Real-Time PCR 仪、紫外分光光度计、凝胶成像系统、水浴锅、细胞刮铲。

【结果分析】

1. 记录凝胶成像系统拍照得到的结果、凝胶光密度分析软件测得的各组 IOD 值。
2. 判断目的蛋白与特定 DNA 序列之间的相互作用。
3. 分析实验结果的成因。

【思考题】

1. ChIP 实验为何要采用甲醛固定活细胞或者组织？
2. 在超声破碎 DNA 步骤中应注意什么？
3. 实验过程中用到的 protein A/G 琼脂糖珠有何作用？
4. 如何分析 ChIP 实验结果？

（范　雁）

第十四章　临床生物化学与临床分子生物学实验

实验 26　碱性磷酸酶的提取和比活性测定

【目的和要求】

1. 熟悉从生物样品中提取与纯化酶的一般方法。
2. 掌握碱性磷酸酶（ALP）比活性的测定原理和方法，了解测定酶比活性的意义。

【实验原理】

本实验采用有机溶剂沉淀法从兔肝匀浆液中提取碱性磷酸酶（alkaline phosphatase，ALP）。正丁醇能使部分杂蛋白变性，过滤除去杂蛋白即为含有 ALP 的滤液，ALP 能溶于终浓度为 33% 的丙酮或 30%的乙醇中，而不溶于终浓度为 50%的丙酮或 60%的乙醇中，通过离心即可得到初步纯化的 ALP。

根据国际酶学委员会规定，酶的比活性（specfic activity）用每毫克蛋白质具有的酶活性单位（U/mg）来表示。因此，测定样品的比活性必须测定：①每毫升样品中蛋白质毫克数（mg/ml）；②每毫升样品中的酶活性单位数（U/ml）。酶的纯度越高，酶的比活性也就越高。

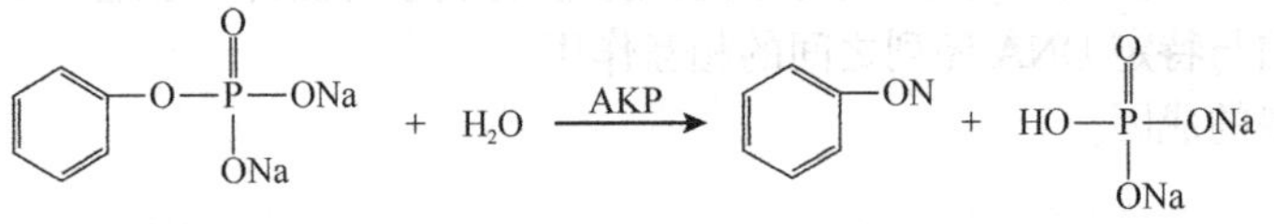

$C_6H_5-O-PO(ONa)_2$ + H_2O —AKP→ C_6H_5-ON + $HO-PO(ONa)_2$

磷酸苯二钠　　　　　　　　　　　　酚

C_6H_5-ON + 4-氨基安替比林 —$K_3Fe(CN)_6$→ 醌衍生物（红色化合物）

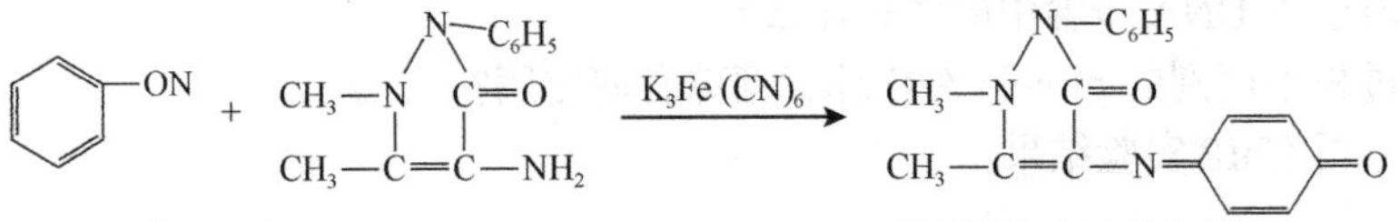

4-氨基安替比林　　　　　　　　　　醌衍生物（红色化合物）

于 510nm 处比色，即可求出反应过程中产生的酚含量，而碱性磷酸酶的活性单位（King-Armstrong 法）可定义为：在 37℃保温 15min，每产生 1mg 的酚为一个酶活性单位。

样品中蛋白质含量测定用改良 Lowry（Folin-酚试剂）法测定。

【操作步骤】

1. ALP 的提取

（1）取 2g 新鲜兔肝，剪碎后加入 0.01mol/L 乙酸镁、0.01mol/L 乙酸钠溶液各 6.0ml，研磨成匀浆。将匀浆倒入刻度离心管中，记录其体积，此为 A 液。吸取 A 液 0.1ml 于另一试管中，加 pH 8.8 Tris 缓冲液 4.9ml 稀释，此为稀释 A 液（1∶50），供测定比活性用。

（2）在 A 液中加入正丁醇 2.0ml，用玻璃棒充分搅拌 2min，室温放置 20min，用滤纸过滤，滤液置于刻度离心管中，加入等体积的冷丙酮，立即混匀后离心（2000r/min）5min，弃上清液，沉淀加入 0.5mol/L 乙酸镁 4.0ml，用玻璃棒充分搅拌使其溶解，记录其体积，此为 B 液。取 B 液 0.1ml 于另一试管中，加入 pH 8.8 Tris 缓冲液 4.9ml，此为稀释 B 液（1∶50），供测定比活性用。

（3）向 B 液中缓慢加入预冷的 95%乙醇，使乙醇最终浓度为 30%，混匀后离心（2000r/min）5min，弃沉淀，上清液中加入预冷的 95%乙醇，使终浓度为 60%，混匀后离心（2500r/min），弃上清液，沉淀用0.5mol/L乙酸镁3.0ml溶解，记录其体积，此为C液，吸取C液0.2ml置于另一试管中，加入pH 8.8 Tris缓冲液3.8ml，此为稀释C液（1：20），供测定比活性用。

（4）在C液中逐滴加入冷丙酮，使其终浓度为33%，混匀后离心（2000r/min）5min，弃沉淀，上清液再缓慢加入冷丙酮，使其终浓度为50%，混匀后离心（4000r/min）10min，弃上清液，沉淀即为部分纯化的ALP，沉淀用pH8.8 Tris缓冲液4.0ml溶解，并记录其体积，此为D液。吸取D液0.5ml置于另一试管中，加入pH 8.8 Tris缓冲液2ml稀释，此为稀释D液（1：5），供测定比活性用。

2. ALP的比活性测定

（1）ALP的活性测定：取试管3支，按表14-1操作：

表14-1　ALP活性测定

试剂（ml）	测定管	标准管	空白管
pH 8.8 Tris缓冲液	—	—	1.0
0.04mol/L底物液	1.0	1.0	1.0
37℃水浴预温5min			
0.01mg/ml标准酚应用液	—	1.0	—
待测酶液	1.0	—	—
37℃水浴准确保温15min			
0.5mol/L NaOH液	1.0	1.0	1.0
0.3% 4-氨基安替比林液	1.0	1.0	1.0
0.5%铁氰化钾液	2.0	2.0	2.0

混匀，室温放置10min后，510nm处测吸光度。

（2）蛋白质含量测定：取3支试管，按表14-2操作：

表14-2　蛋白质含量测定

试剂（ml）	测定管	标准管	空白管
pH 8.8 Tris缓冲液	—	—	1.0
待测酶液	1.0	—	—
0.1mg/ml蛋白质标准液	—	1.0	—
碱性铜试剂	5.0	5.0	5.0
混匀后室温放置10min			
酚试剂	0.5	0.5	0.5

混匀室温放置30min，在500nm处比色。

测蛋白质时，如果用稀释A液，则还需要再用pH 8.8 Tris缓冲液稀释10倍（此时共稀释500倍）。

【结果与计算】

$$\text{每毫升待测酶液中 ALP 活性单位数（U/ml）}=\frac{\text{测定管的吸光度}}{\text{标准管的吸光度}}\times\text{标准管的酚含量}$$

$$\text{待测酶液中蛋白质浓度（mg/ml）}=\frac{\text{测定管的吸光度}}{\text{标准管的吸光度}}\times\text{标准管的蛋白质含量}$$

$$\text{ALP 的比活性（U/mg）}=\frac{\text{每ml待测酶液中ALP的活性单位数}}{\text{每ml待测酶液中蛋白质的mg数}}$$

【实验安排】

本实验可根据不同要求和不同学时数做出不同的安排。如学时允许，可分两次进行，第一次进行 ALP 的提取，取得不同提取阶段的 A 液、B 液、C 液和 D 液；第二次对提取的酶液进行 ALP 比活性的测定。

如要在一次实验完成，则 ALP 的提取可由实验准备室完成，给同学提供待测的稀释酶液进行 ALP 比活性的测定。不同提取阶段的酶液分配给各个同学，每个同学可测定其中的一份酶液，然后把实验取得的数据和计算结果填入表 14-3，最后计算出不同阶段酶液的得率和纯化倍数。

表 14-3　实验结果

	A 液	B 液	C 液	D 液
a. 总体积（ml）				
b. 蛋白质浓度（mg/ml）*				
c. 每毫升酶活性单位（U/ml）*				
d. 酶活性单位（U）				
c×a				
e. 比活性（U/mg · pr）				
c/b				
f. 得率				
g. 纯化倍数				

注：*表示要乘以稀释倍数再填入表中

【注意事项】

1. 在纯化过程中，各步加入的有机溶剂要计算准确。
2. 加入有机溶剂混匀后应立即离心，不宜放置过久。
3. 在测定酶活性时，每加入一种试剂后须立即混匀，避免出现混浊。

【试剂】

1. 0.5mol/L 乙酸镁溶液：称取乙酸镁 107.25g 溶于蒸馏水中，稀释至 1000ml。
2. 0.1mol/L 乙酸钠溶液：称取乙酸钠 8.2g 溶于蒸馏水中，稀释至 1000ml。
3. 0.01mol/L 乙酸镁–0.01mol/L 乙酸钠溶液：取 0.5mol/L 乙酸镁溶液 20ml 及 0.1mol/L 乙酸钠溶液 100ml，混合后加蒸馏水稀释至 1000ml。
4. 0.01mol/L Tris-0.01mol/L 乙酸镁缓冲液（pH 8.8）：称取 Tris 12.1g，用蒸馏水溶解并

稀释至 1000ml，即为 0.1mol/L Tris 溶液。取 0.1mol/L Tris 溶液 100ml，加蒸馏水约 800ml，再加 0.5mol/L 乙酸镁溶液 20ml，混匀后用 1%乙酸调 pH 至 8.8，用蒸馏水稀释至 1000ml 即可。

5. 丙酮（分析纯）。

6. 95%乙醇（分析纯）。

7. 正丁醇（分析纯）。

8. 0.04mol/L 底物液：称取磷酸苯二钠（$C_6H_5PO_4Na_2 \cdot 2H_2O$）15.16g 或磷酸苯二钠（无结晶水）8.72g，用煮沸冷却的蒸馏水溶解，稀释至 1000ml。加氯仿 4ml 盛于棕色瓶中，冰箱内保存，可用 1 周。

9. 1mg/ml 酚标准液：称取重蒸酚 100mg，用 pH 8.8 Tris 液配制成 100ml，临用前稀释 100 倍。

10. 0.5mol/L NaOH 溶液。

11. 0.3% 4-氨基安替比林：称取 4-氨基安替比林 0.3g 及碳酸氢钠 4.2g，用蒸馏水溶解并稀释至 100ml，置棕色瓶中，冰箱保存。

12. 0.5%铁氰化钾：称取铁氰化钾 5g 和硼酸 15g，各溶于 400ml 蒸馏水中，溶解后两液混合，再加蒸馏水至 1000ml，置于棕色瓶中，暗处保存。

13. 0.1mg/ml 蛋白标准液：牛血清白蛋白，用适量生理盐水稀释至 0.1mg/ml。

14. 碱性铜试剂即试剂甲。

15. 酚试剂即试剂乙。

【器材】

匀浆器、刻度离心管、刻度吸管、电动离心机、玻璃漏斗和玻璃棒、电子天平、恒温水浴箱、721 型分光光度计。

【思考题】

1. 根据细胞中酶存在的部位，设计实验，如何分离有活性的酶分子？

2. 如何将酶从粗提液中分离纯化？常用的纯化方法有哪些？

3. 测定酶活性的方法有哪些？

（殷冬梅）

实验 27　正常和糖尿病大鼠血糖与血脂的检测及激素对血糖的影响

【目的与要求】

1. 掌握血糖血脂测定的原理及方法。

2. 了解糖尿病大鼠血糖和血脂的代谢变化；激素对血糖浓度的影响。

3. 血浆脂蛋白分类、主要功能以及各类脂蛋白的临床意义。

【实验原理】

通过注射链脲霉素（streptozocin，STZ）构建糖尿病大鼠模型，STZ 具有细胞毒性，能够选择性地作用于胰岛 B 细胞，通过诱导 DNA 损伤而引起 B 细胞功能异常，导致胰岛素分泌不足而发生 1 型糖尿病。本实验通过给大鼠注射 STZ 破坏 B 细胞功能，进而构建糖尿病大鼠模型，观察血糖和血脂的代谢变化。

酶比色法因特异性强、价廉、方法简单而成为血糖和血脂测定的主要方法。血糖测定主要应用葡萄糖氧化酶（glucose oxidase，GOD）法，本法基本上不受其他化合物的干扰。样品中的葡萄糖被葡萄糖氧化酶氧化为葡萄糖酸，并释放过氧化氢。过氧化氢在过氧化氢酶（catalase）或过氧化物酶作用下分解为水和氧，并使4-氨基安替比林和酚去氢缩合为红色醌类化合物，该红色醌类化合物的生成量与葡萄糖含量成正比。同样，甘油三酯和胆固醇在相应氧化酶的作用下也释放出过氧化氢，进而发生相似的呈色反应。

人与动物体内的血糖浓度受各种激素的调节而维持恒定。影响血糖浓度的激素分为两类：降血糖激素（胰岛素）和升血糖激素，升血糖激素包括肾上腺素、胰高血糖素和生长素等。

【操作步骤】

1. 建立糖尿病大鼠模型 取体重200～300g的成年SD大鼠，分成对照组和糖尿病组。糖尿病组处理：腹腔注射柠檬酸溶液配制的链脲霉素，用量为60mg/kg体重，正常对照组腹腔注射等体积的柠檬酸溶液。分别于注射24h、48h和72h后断尾取血测血糖，将血糖连续3天超过13.8mmol/L的大鼠确定为糖尿病大鼠，建模成功后，于1周后进行血糖和血脂的检测。大鼠于处理前禁食16h，两个学生一组处理1只大鼠。

2. 尾静脉取血 固定动物，将鼠尾在45℃温水中浸泡数分钟，也可用二甲苯涂擦，使局部血管扩张。擦干鼠尾，将尾尖剪去1～2mm（小鼠）或5mm（大鼠）。从尾根部向尾尖部按摩，血即从断端流出，让血液滴入盛器或直接用移液器吸取。取血后，用棉球压迫止血并立即用6%液体火棉胶涂于尾巴伤口处，使伤口外结一层火棉胶薄膜以保护伤口。

3. 注射激素与取血 将对照组和糖尿病大鼠各分成2组，一组大鼠皮下或腹腔内注射胰岛素，0.75U/kg，分别于注射前、注射30min后取血0.2～0.3ml，标明：注前组、胰组；另一组大鼠皮下注射肾上腺素，0.1%肾上腺素0.2mg/kg，30min后采血0.2～0.3ml，标明：肾组。

未加抗凝剂时将样品置于室温，待其凝固，3000r/min离心5min，分离血清；加入抗凝剂时，3000r/min离心5min，分离血浆。

4. 血糖测定 采用葡萄糖氧化酶法（GOD-POD法），具体操作见表14-4。

表14-4 血糖测定

试剂（μl）	空白管	注前组（对照 vs 糖尿病）	胰组（对照 vs 糖尿病）	肾组（对照 vs 糖尿病）	标准液
血清（血浆）	—	10	10	10	—
5.05mmol/L 葡萄糖标准液	—	—	—	—	10
蒸馏水	10	—	—	—	—
血糖检测试剂	1000	1000	1000	1000	1000

注：注前组：胰岛素注射前组；胰组：注射胰岛素组；肾组：注射肾上腺素组。

充分混匀各管，置37℃保温10min，用波长505nm，空白管调“零”点测定各管的吸光度（A）值。

5. 甘油三酯的测定 采用酶比色法，具体操作见表14-5。

表 14-5　血甘油三酯测定

试剂（μl）	空白管	注前组（对照 vs 糖尿病）	胰组（对照 vs 糖尿病）	肾组（对照 vs 糖尿病）	标准液
血清（血浆）	—	10	10	10	—
2.26mmol/L 甘油三酯标准液	—	—	—	—	10
蒸馏水	10				
甘油三酯检测试剂	1000	1000	1000	1000	1000

充分混匀各管，置 37℃保温 10min，用波长 546nm，空白管调“零”点测定各管的吸光度（A）值。

6. **总胆固醇测定**　采用酶比色法，具体操作见表 14-6。

表 14-6　血胆固醇测定

试剂（μl）	空白管	注前组（对照 vs 糖尿病）	胰组（对照 vs 糖尿病）	肾组（对照 vs 糖尿病）	标准液
血清（血浆）	—	10	10	10	—
5.17mmol/L 胆固醇标准液	—	—	—	—	10
蒸馏水	10				
胆固醇检测试剂	1000	1000	1000	1000	1000

充分混匀各管，置 37℃保温 10min，用波长 505nm，空白管调“零”点测定各管的吸光度（A）值。

【结果分析】

$$样品管血糖/血脂（mmol/L）=\frac{样本管吸光度A}{标准管吸光度A}\times 标准液浓度$$

全班血糖血脂检测汇总表（表 14-7）。

表 14-7　全班血糖血脂检测汇总表

<table>
<tr><th rowspan="3">指标</th><th colspan="2">糖尿病模型建立</th><th colspan="6">1 周后血糖血脂检测</th></tr>
<tr><th rowspan="2">对照组</th><th rowspan="2">糖尿病组</th><th colspan="2">注前组</th><th colspan="2">胰组</th><th colspan="2">肾组</th></tr>
<tr><th>对照组</th><th>糖尿病组</th><th>对照组</th><th>糖尿病组</th><th>对照组</th><th>糖尿病组</th></tr>
<tr><td rowspan="6">血糖（mmol/L）</td><td></td><td></td><td></td><td></td><td></td><td></td><td></td><td></td></tr>
<tr><td></td><td></td><td></td><td></td><td></td><td></td><td></td><td></td></tr>
<tr><td></td><td></td><td></td><td></td><td></td><td></td><td></td><td></td></tr>
<tr><td></td><td></td><td></td><td></td><td></td><td></td><td></td><td></td></tr>
<tr><td></td><td></td><td></td><td></td><td></td><td></td><td></td><td></td></tr>
<tr><td></td><td></td><td></td><td></td><td></td><td></td><td></td><td></td></tr>
<tr><td rowspan="5">血甘油三酯（mmol/L）</td><td rowspan="5" colspan="2"></td><td></td><td></td><td></td><td></td><td></td><td></td></tr>
<tr><td></td><td></td><td></td><td></td><td></td><td></td></tr>
<tr><td></td><td></td><td></td><td></td><td></td><td></td></tr>
<tr><td></td><td></td><td></td><td></td><td></td><td></td></tr>
<tr><td></td><td></td><td></td><td></td><td></td><td></td></tr>
</table>

续表

血胆固醇（mmol/L）							

【参考值】

大鼠空腹血糖：2.64～5.26mmol/L；血甘油三酯：0.4～0.7mmol/L；血胆固醇：1.0～1.5mmol/L。

【注意事项】

如收集血浆，试管需经肝素抗凝处理。将 STZ 溶于柠檬酸中，现配现用，置于冰上。

【临床意义】

1. 血糖检测

（1）生理性高血糖可见于摄入高糖食物后，或情绪紧张肾上腺素分泌增加时。

（2）病理性高血糖

1）糖尿病：病理性高血糖常见于胰岛素绝对或相对不足的糖尿病患者。

2）内分泌腺功能障碍：甲状腺功能亢进，肾上腺皮质功能及髓质功能亢进。

3）颅内压增高：颅内压增高刺激血糖中枢，如颅外伤、颅内出血、脑膜炎等。

4）脱水引起的高血糖：如呕吐、腹泻和高热等也可使血糖轻度增高。

（3）生理性低血糖：见于饥饿和剧烈运动。

（4）病理性低血糖（特发性功能性低血糖最多见，依次是药源性、肝源性、胰岛素瘤等）。

2. 血脂检测

常用指标：甘油三酯（triglyceride，TG），总胆固醇（total cholesterol，TC），低密度脂蛋白-胆固醇（LDL-C），高密度脂蛋白-胆固醇（HDL-C）。其中 TC、TG 和 LDL-C 是动脉粥样硬化的危险因素，HDL-C 是动脉粥样硬化的负相关因素。

【试剂】

1. 标准葡萄糖、胆固醇和甘油三酯溶液。
2. 胰岛素。
3. 肾上腺素。
4. 抗凝剂：肝素每支 12 500U/2ml。
5. 血糖检测试剂：葡萄糖氧化酶＞10U/ml，过氧化物酶＞1U/ml，磷酸盐 70mmol/L，苯酚 5mmol/L，4-氨基安替比林 0.4mmol/L，调 pH 至 7.0。
6. 胆固醇检测试剂：Pipes[piperazine-*N*,*N'*-bis（2-ethanesulfonic acid）] 35mmol/L，胆固醇氧化酶＞0.1U/ml，苯酚 28mmol/L，胆酸钠 0.5mmol/L，4-氨基安替比林 0.5mmol/L，胆固醇酯酶＞0.2U/ml，过氧化物酶＞0.8U/ml，调 pH 至 7.0。
7. 甘油三酯检测试剂：Pipes 45mmol/L，氯化镁 5.0mmol/L，甘油激酶＞1.5U/ml，脂蛋白脂酶＞100U/ml，3-磷酸甘油氧化酶＞4U/ml，甲基苯胺[EHSPT，*N*-Ethyl-*N*-(2- hydroxy-3-

sulfopropyl)-3-methylaniline] 3.0mmol/L，4-氨基安替比林 0.75mmol/L，过氧化物酶＞0.8U/ml，三磷酸腺苷（ATP）0.9mmol/L，调 pH 至 7.5。

8. 0.05mol/L 柠檬酸溶液（pH 4.5）：配制 100ml，柠檬酸 1.0507g 用 100ml 去离子水配制，调 pH 至 4.5，用 0.22μm 的滤纸过滤。

【器材】

离心机、微量移液器、微孔板、EP 管、试管、酶标仪。

【思考题】

1. 胰岛素调节血糖和血脂的机制。
2. 血浆脂蛋白的分类及其功能。

（殷冬梅）

实验 28 人颊黏膜上皮细胞基因组 DNA 的抽提及 ACE 基因多态性检测

【目的与要求】

1. 掌握从微量来源的组织细胞中抽提基因组 DNA 的方法。
2. 掌握 PCR 技术原理，了解基因多态性分析的方法。

【实验原理】

用碱裂解法抽提基因组 DNA，以 DNA 为模板，用血管紧张素转换酶（angiotensin converting enzyme，ACE）基因特异的引物进行 PCR 扩增，根据 PCR 扩增片段的大小进行多态性分析。ACE 基因第 16 内含子存在一种长度为 287bp 片段的插入（insertion，I）/缺失（deletion，D）多态性，人类存在 DD、ID、II 三种基因型，其频率在人种间有差异。本实验引物序列位于 287bp 片段的两侧，扩增片段包括插入/缺失的片段，故 II 型扩增片段长度为 490bp，DD 型扩增片段长度为 190bp，ID 型扩增片段为 2 个，分别为 190bp 和 490bp。

【操作步骤】

1. 基因组 DNA 抽提

（1）10ml 溶液Ⅰ漱口 20s，收集漱口水。
（2）3000r/min 室温离心 5min，弃去上清液。
（3）250μl 溶液Ⅱ重悬沉淀；3000r/min 离心 1min，弃去上清液。
（4）重悬沉淀于 250μl 溶液Ⅲ，振荡 10s。
（5）转移至 1.5ml 离心管，99℃加热 5min。
（6）用 50μl 溶液Ⅳ中和并振荡 5s。
（7）3000r/min 离心 5min 去除细胞碎片，将上清液转移至 0.5ml 离心管，保留 5μl 用于 PCR。

2. PCR 反应

（1）取消毒的 0.2ml 微量离心管，加入下列成分并混匀。

2×PCR Mix	10μl
DNA 模板	5μl
引物混合物（10μmol/L each）	2μl

ddH$_2$O	3μl
总体系	20μl

（2）进行 PCR 扩增，扩增程序为：94℃预变性 5min，94℃变性 30s，55℃退火 30s，72℃延伸 40s，共反应 32 个循环，72℃延伸 10min，4℃保存。

（3）琼脂糖凝胶电泳检测：制备 1%琼脂糖凝胶，取 0.5 克琼脂糖溶解于 50ml 1×TBE 电泳缓冲液，在微波炉中加热 2min 使其熔化。稍等微温后，加入溴乙锭（EB）溶液 2μl 作为显色剂，混合均匀并灌制琼脂糖凝胶板。取 10μl PCR 产物，加入 2μl 5×上样缓冲液，上样并电泳，紫外灯下观察实验结果。

【结果分析】

具体结果见图 14-1。

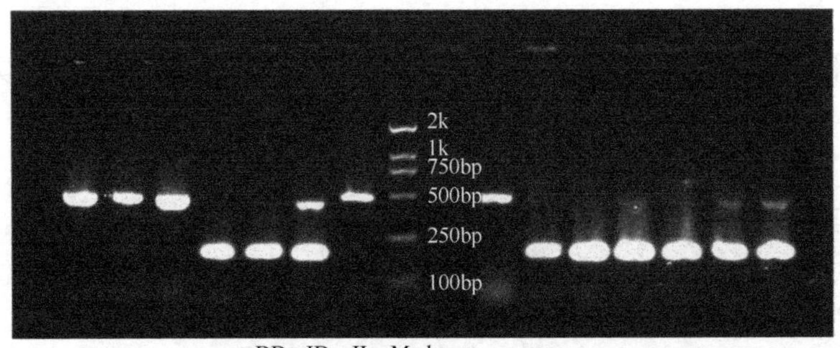

DD　ID　II　Marker

图 14-1　ACE 基因的 PCR 扩增电泳图

【临床意义】

I/D 多态性与循环 ACE 水平有明确的关系，DD 型 ACE 水平最高，ID 次之，II 最低。ACE 基因 I/D 多态性与左室肥大（left ventricular hypertrophy，LVH）的关系是：LVH 者 DD 型频率明显增高。

【注意事项】

溴乙锭是 DNA 分子嵌合剂，可与 DNA 分子结合，在紫外光的照射下发出橙色荧光。应当注意的是，溴乙锭具有极强的致突变能力，使用时必须谨慎。

要完成高质量的 PCR 反应，主要应注意的是模板与引物的浓度配比以及反应程序的选择。引物是根据目的基因设计的高度特异性片段，而模板 DNA 往往是混合物，因此，进行 PCR 反应时应使用过量的引物以及较低的模板浓度。适当增加引物浓度、降低模板浓度有利于提高反应的特异性，但引物浓度过高易形成引物二聚体，并且可能出现非特异性片段，模板浓度过低则会降低扩增效率，甚至无法获得扩增产物。一般而言，PCR 反应体系中两条引物总浓度应为 1pmol/μl 左右。模板浓度则应根据具体情况而变化，必要时可设立模板浓度梯度进行预实验，摸索最佳的模板浓度。

在引物设计时应考虑两条引物具有相近的退火温度。如果两条引物退火温度相差较大，则应依据退火温度较低的一条引物进行 PCR 反应。

【试剂】

1. 基因组抽提试剂

（1）溶液Ⅰ：4%蔗糖。4g 蔗糖溶于水，定容于 100ml。

（2）溶液Ⅱ：10mmol/L NaCl 溶液和 10mmol/L EDTA 溶液（pH 7.5）。

（3）溶液Ⅲ：50mmol/L NaOH 溶液。

（4）溶液Ⅳ：1.0mol/L Tris-HCl 溶液（pH 7.5）。

2. PCR Mix 试剂盒

（1）dNTP Mix（10mmol/L each）。

（2）*Taq* DNA 聚合酶。

（3）10×Buffer [200mmol/L Tris-HCl（pH 8.4），500mmol/L KCl，20mmol/L $MgCl_2$]。

3. 引物

（1）ACE 基因上游引物：5′-CTGGAGACCACTCCCATCCTTTCT-3′。

（2）ACE 基因下游引物：5′-GATGTGGCCATCACATTCGTCAGAT-3′。

4. 电泳试剂　电泳缓冲液（1×TBE）：称取 Tris 54g，硼酸 27.5g，以 0.5mol/L EDTA 溶液 20ml 溶解，ddH_2O 定容至 5L。作用前稀释成 0.5×TBE。

【器材】

离心机、PCR 仪、可调式微量加样器。

【思考题】

1. 基因诊断的主要依据和方法有哪些？
2. 简述基因多态性的临床意义。

（殷冬梅）

实验 29　乙醛脱氢酶突变基因型的检测

【目的与要求】

1. 掌握利用 PCR 技术检测基因突变位点的方法。
2. 了解乙醇分解代谢个体差异的原因及意义。

【实验原理】

乙醇是酒精性饮料的主要成分之一，体内乙醇的正常分解代谢过程是防止发生酒精中毒的主要途径。在人体中，乙醇的分解是通过乙醇脱氢酶（alcohol dedydrogenase，ADH）催化生成乙醛，乙醛再通过乙醛脱氢酶（aldehyde dehydrogenase，ALDH）继续脱氢（加氧）变成乙酸。乙酸可转变为乙酰辅酶 A（CoA）进入三羧酸循环代谢或者随尿液排出体外。所以，ADH 和 ALDH 的活性高低直接关系到乙醇的分解代谢。在人体内 ADH 和 ALDH 都是同工酶，目前发现的 ADH 同工酶至少有 7 种，它们在体内的活性较高。ALDH 同工酶在人体器官和组织中至少有 12 种，常见的有 ALDH1～4。ALDH2 位于线粒体内，ALDH1、ALDH3、ALDH4 位于细胞液中。ALDH2 是人体肝内乙醛代谢最关键的酶，然而 50%左右的亚洲人存在 ALDH2 的基因突变，致使该酶活性降低，无法将大量的乙醛转化为乙酸，从而出现脸红、恶心、头昏和心动过速等症状。

本实验采用从口腔黏膜细胞中提取的基因组 DNA 作为 PCR 模板，针对 ALDH2 基因设计两条上游引物，一条 3′端的碱基为 G（正常），另一条为 A（突变），用同一条下游引物，通过 PCR 扩增后，检测扩增产物来确定 ALDH2 基因突变是否存在。

【操作步骤】

1. 从口腔黏膜细胞中提取基因组 DNA

（1）用清水漱口清理口腔，用消毒棉签在口腔内壁刮取黏膜细胞持续 1min。

（2）将棉签放入事先准备好的装有 500μl 生理盐水的 1.5ml EP 管内，上下抖动 30 次，尽量让细胞脱落。

（3）10 000r/min，室温离心 1min，小心吸弃上清液，获得口腔黏膜细胞沉淀。

本实验使用离心柱型的 DNA 提取试剂盒提取基因组 DNA，其操作如下：

（4）离心管中加入细胞裂解缓冲液，溶解细胞。

（5）加入蛋白酶 K 和蛋白沉淀试剂，55℃，1～3h 反应后，加入无水乙醇摇匀，将所有溶液加入到吸附柱内，12 000r/min 室温离心 1min。

（6）加入清洗缓冲液，离心清洗吸附柱，反复 2～3 次。

（7）将吸附柱放入一支新的离心管中，加入 TE 50～100μl 离心洗脱基因组 DNA，获得 PCR 模板 DNA。

2. PCR 检测基因突变位点　以 20μl 的反应体系为例，加入模板 DNA 2～5μl。准备 3 支 PCR 离心管，编号为 1、2、3。1 号管内加入正常基因的引物组，2 号管加入检测突变基因的引物组，3 号管加入检测对照基因（GAPDH）的引物组。

PCR 反应条件：98℃ 2min→98℃ 20s→58℃ 20s→72℃ 20s，35 次循环，72℃ 5min。

PCR 反应完毕加入 2μl 的 10×DNA 电泳上样缓冲液，充分均匀后，取 10μl 进行电泳。

3. 琼脂糖凝胶电泳　本次实验所观察的 DNA 片段的大小在 150bp 左右，所以选用 1.3% 的琼脂糖凝胶。

（1）用移液器吸取 DNA 溶液 10μl，缓慢注入点样孔。

（2）按 1 号管、2 号管、marker、3 号管顺序加样。

（3）电压 100V 电泳，时间为 15～20min。

（4）电泳完毕，取出胶模，置于紫外灯下观察。

【实验结果】

紫外灯下观察 1 号（正常）、2 号（突变）、3 号（对照）管内对应的荧光带是否出现。单独出现 1 号管荧光带说明 ALDH2 为正常，1 号管和 2 号管对应的荧光带同时出现说明为杂合子突变，只出现 2 号管荧光带说明为纯合子突变，如果 3 号管无对应的荧光带出现说明基因组 DNA 提取失败，反之则成功。

【注意事项】

1. 刮取细胞的时候一定要仔细，因为细胞量的多少决定最后的结果，如果细胞量过少可能导致提取的 DNA 不足。

2. EB 是致癌物质，能够引起基因突变，导致细胞癌变。另外，其热稳定性差，60℃以上会分解，其产物如被吸入肺部，会对人体产生危害，因此加热溶解琼脂糖溶液的时候，一定要等溶液冷却后加入 EB 摇匀后使用。为防止交叉污染，电泳后接触过凝胶的手套，尽量避免接触其他器具。

3. 电泳开始后，注意观察溴酚蓝色带的移动，溴酚蓝色带移动到凝胶中间位置即可，因为本次实验的目的片段很小，如果过度电泳，会导致目标带流失。

4. 实验结束后，各自在自己的 DNA 样品离心管内加入 500μl 的 NaOH，以破坏基因组 DNA，因为基因组 DNA 涉及个人遗传隐私。

【试剂】

1. 基因组抽提试剂盒、PCR Mix 试剂盒、电泳试剂。

2. 引物。

（1）ALDH2 基因上游引物：5′- ATTGGTCCGGTCGAAGGAGGAG -3′。

（2）ALDH2 基因下游引物：5′- CAACCGAGCGCCATTCAGAGTCT -3′。

【器材】

离心机、PCR 仪、可调式微量加样器。

【思考题】

1. 通过文献检索，查找本实验所用引物序列及扩增片段的大小。

2. 结合实验结果及实际情况，分析一下自己 ALDH2 基因型。

（殷冬梅　贾　辛）

实验 30　人血清同型半胱氨酸的测定

【目的与要求】

1. 掌握循环酶法检测血清半胱氨酸的原理和方法。

2. 了解同型半胱氨酸测定的临床意义。

【实验原理】

血清同型半胱氨酸（homocystein，Hcy）是人体内含硫氨基酸的一个重要的代谢中间产物，近年来研究证明高同型半胱氨酸是动脉粥样硬化等心血管疾病发病的一个独立危险因子。Hcy 水平升高被认为是动脉粥样硬化性疾病独立的渐进性致病因素。血清中同型半胱氨酸含量与遗传因素、营养因素、雌激素水平、年龄因素等有关。Hcy 的正常参考值随测定方法和种族人群的不同而有所不同，一般正常空腹血浆总 Hcy 水平为 5～15μmol/L。研究表明：Hcy 每升高 5μmol/L，脑卒中风险升高 59%，缺血性心脏病风险升高 32%，Hcy 每降低 5μmol/L，脑卒中风险降低 24%，缺血性心脏病风险降低 16%。Hcy 水平与心血管事件风险呈正相关。

本实验使用速率法检测血清中同型半胱氨酸的含量，是基于一种新型的循环酶法，利用酶的底物特性放大靶物质的检测方法。本方法的核心是基于小分子捕获技术的 *S*-腺苷同型半胱氨酸水解酶（SAHase）。样本中氧化型 Hcy 被转化为游离型 Hcy 后，进行一系列循环反应。基于共价底物转化产物的酶循环反应系统大大提高了检测的灵敏度，主要是利用 *S*-腺苷同型半胱氨酸（SAH）水解酶反应原理，在该反应中，SAH 被水解酶水解成腺苷和 Hcy，腺苷立刻水解成氨和次黄嘌呤，氨在谷氨酸脱氢酶的作用下，NADH 转化为 NAD^+，样本中 Hcy 的浓度与 NADH 转化速率成正比。还原型 NADH 在 340nm 波长处有光吸收特性，而氧化型 NAD^+没有这一特性。该方法仅循环靶物质，具有快速、简便、灵敏度高且易于自动化等特点，已逐步推广用于临床检测。

$$S\text{-腺苷同型半胱氨酸} \xrightarrow{S\text{-腺苷同型半胱氨酸水解酶}} \text{同型半胱氨酸} + \text{腺苷}$$

$$\text{腺苷} \xrightarrow{\text{水解酶}} \text{氨} + \text{次黄嘌呤}$$

$$\text{氨} + \alpha\text{-酮戊二酸} + \text{NADH} \xrightarrow{\text{谷氨酸脱氢酶}} \text{谷氨酸} + \text{NAD}^+$$

【操作步骤】

1. 标本 新鲜无溶血血清或EDTA、肝素抗凝血浆。

2. 标本签收 严格按标本接受程序签收标本。

3. 标本处理 将标本以3000r/min离心6～10min，分离血清后上机测定，若标本不能及时检测，将分离血清冷藏于2～8℃的冰箱内。

4. 标本检测

（1）从冰箱中取出试剂1（R1）和试剂2（R2），使试剂恢复至室温。

（2）按照便携式同型半胱氨酸检测仪操作方法，插卡，输入标本信息，确认。

（3）按照仪器提示，精密量取8μl标本加入试剂1的比色管中。

（4）启动反应，等到仪器发出提示音后，按照仪器操作步骤，精密量取40μl试剂2加入比色管中。

（5）仪器启动检测。

（6）自动检测完成后，读取检测结果或打印报告。

5. 检验后标本保存 保存在标本冰箱内，保存期为7天。

【注意事项】

1. 标本采集与保护的注意点。

（1）用真空采样管采集血液标本时须遵守常规注意事项。

（2）离心前使标本完全自然形成凝块。

（3）全程保证标本管的密闭状态。

（4）尽快分离血清并及时测定。

（5）如果标本不能在24h内检测或运送标本时，将标本保存在4℃或更低温度的环境中。

（6）冷藏标本室温放置20min后再测定。

（7）冷冻标本室温解冻，放置20min后再测定。

（8）不符合标本的处理：溶血和乳糜血标本在报告单的备注栏注明；标本量过少的标本、严重溶血和乳糜血标本与临床沟通并将标本退回，填写不合格标本拒接登记。

2. 本实验只可用于体外诊断。

3. 试剂中含有防腐剂和稳定剂，可能存在一定刺激作用和毒性，请勿直接接触皮肤和眼睛，请勿吞服。

4. 试剂盒的测定结果仅作为临床各种疾病的辅助诊断依据。

【试剂】

1. 试剂1

（1）*S*-腺苷甲硫氨酸（SAM）	0.1mmol/L
（2）烟酸胺腺嘌呤二核苷酸（NADH）	0.3mmol/L
（3）三（2-羧乙基）膦氯化氢（TCEP）	0.5mmol/L
（4）α-酮戊二酸	5.0mmol/L
（5）Hcy甲基转移酶（HMTase）	5.0KU/L

2. 试剂2

（1）谷氨酸脱氢酶（GLDH）	10.0KU/L
（2）*S*-腺苷同型半胱氨酸水解酶（SAHase）	3.0KU/L
（3）腺苷脱氢酶（ADA）	5.0KU/L

【器材】

便携式同型半胱氨酸检测仪。

【思考题】

1. 简述血清半胱氨酸检测的临床意义。
2. 检测半胱氨酸的方法有哪些？

（殷冬梅　贾　辛）